Violeta Petkova

Multiplicateurs sur les espaces de Banach de fonctions

Violeta Petkova

Multiplicateurs sur les espaces de Banach de fonctions

Multiplicateurs sur les espaces de Banach de fonctions sur un groupe localement compact abélien

Presses Académiques Francophones

Impressum / Mentions légales
Bibliografische Information der Deutschen Nationalbibliothek: Die Deutsche Nationalbibliothek verzeichnet diese Publikation in der Deutschen Nationalbibliografie; detaillierte bibliografische Daten sind im Internet über http://dnb.d-nb.de abrufbar.

Information bibliographique publiée par la Deutsche Nationalbibliothek: La Deutsche Nationalbibliothek inscrit cette publication à la Deutsche Nationalbibliografie; des données bibliographiques détaillées sont disponibles sur internet à l'adresse http://dnb.d-nb.de.

Coverbild / Photo de couverture: www.ingimage.com

Verlag / Editeur:
Presses Académiques Francophones
ist ein Imprint der / est une marque déposée de
OmniScriptum GmbH & Co. KG
Heinrich-Böcking-Str. 6-8, 66121 Saarbrücken, Deutschland / Allemagne
Email: info@presses-academiques.com

Herstellung: siehe letzte Seite /
Impression: voir la dernière page
ISBN: 978-3-8381-4650-8

Zugl. / Agréé par: Bordeaux, Université Bordeaux 1, 2005

Table des matières

Remerciements

Je tiens en premier lieu à exprimer ma sincère gratitude à Jean Esterle pour m'avoir orientée vers ce sujet de recherche qui m'a beaucoup intéressée. Je le remercie aussi pour ses conseils, ses encouragements, sa disponibilité, son énergie et son enthousiasme, qui m'ont guidée et motivée tout au long de l'élaboration de cette thèse.

Je remercie mes parents et ma soeur pour leur soutien.

Je remercie l'équipe d'Analyse de l'Université Bordeaux I et plus spécialement Etienne Matheron pour avoir toujours été prêt à répondre à mes questions et à m'indiquer des références utiles.

Je remercie tous les professeurs de l'Université Bordeaux 1, qui tout au long de mes études, grâce à leurs cours, m'ont donné le goût de la recherche.

Je remercie sincèrement mes rapporteurs et tous les membres de mon jury de soutenance de thèse.

Je remercie l'Ecole Doctorale de l'Université Bordeaux 1 et plus spécialement Thiery Colin pour tous les moyens scientifiques et matériels mis à disposition des doctorants.

Je remercie Isabelle Chalendar pour ses conseils et ses encouragements.

CHAPITRE 1

Introduction

Nous allons nous intéresser aux multiplicateurs, i.e les opérateurs sur des espaces de Banach de fonctions sur un groupe localement compact abélien (LCA) qui commutent avec les translations. Nous avons pu traiter ce problème dans un cadre très général, mais le point de départ de la thèse était l'étude des opérateurs de Wiener-Hopf. A l'origine, on s'est proposé de démontrer qu'un opérateur de Wiener-Hopf sur un espace à poids $L^2_\delta(\mathbb{R}^+)$ possède un symbole. Plus précisément, on dit que δ est un poids sur $\mathbb{R}^+$ si δ est une fonction mesurable, strictement positive sur $\mathbb{R}^+$ vérifiant les propriétés suivantes :

(1.1) $$\widetilde{\delta^+}(x) = \sup \text{ess}_{y\geq 0} \frac{\delta(x+y)}{\delta(y)} < +\infty, \text{ pour } x \geq 0,$$

(1.2) $$\widetilde{\delta^+}(x) = \sup \text{ess}_{y\geq 0} \frac{\delta(y)}{\delta(y-x)} < +\infty, \text{ pour } x < 0$$

et on pose

$$L^2_\delta(\mathbb{R}^+) := \Big\{ f \text{ mesurable sur } \mathbb{R}^+ \mid \int_0^{+\infty} |f(x)|^2 \delta(x)^2 dx < +\infty \Big\}.$$

Soit

$$P^+ : L^1_{loc}(\mathbb{R}) \longrightarrow L^1_{loc}(\mathbb{R}^+)$$

l'opérateur défini par la formule : $P^+f(x) = f(x)$, p.p. $x \geq 0$ et $P^+f(x) = 0$, pour $x < 0$. Un opérateur T borné sur $L^2_\delta(\mathbb{R}^+)$ est appelé opérateur de Wiener-Hopf si

$$P^+S_{-a}TS_af = Tf, \ \forall a \in \mathbb{R}^+, \ \forall f \in L^2_\delta(\mathbb{R}^+),$$

où S_a désigne l'opérateur défini sur $L^1_{loc}(\mathbb{R})$ par $S_af(x) = f(x-a)$, *p.p.*. On note W_δ l'espace des opérateurs de Wiener-Hopf sur $L^2_\delta(\mathbb{R}^+)$ et on note $C_c^\infty(\mathbb{R}^+)$ l'espace des fonctions de classe C^∞ à support dans $\mathbb{R}^+$. Il est bien connu (cf. [**17**]) que pour tout $T \in W_1$, il existe une distribution μ_T telle que

(1.3) $$Tf = P^+(\mu_T * f), \text{ pour } f \in C_c^\infty(\mathbb{R}^+).$$

De plus, il existe une fonction $h \in L^\infty(\mathbb{R})$, appelée le symbole de T, telle que

$$Tf = P^+\mathcal{F}^{-1}(h\hat{f}), \text{ pour } f \in L^2(\mathbb{R}^+). \tag{1.4}$$

On s'est fixé comme premier objectif de généraliser (1.3) et (1.4) pour $T \in W_\delta$, où δ vérifie (1.5). Le problème était similaire au problème de l'existence du symbole d'un multiplicateur sur un espace à poids $L^2_\omega(\mathbb{R})$, qui était aussi un problème ouvert. Dans la première partie du Chapitre 2, nous traitons d'abord ce dernier problème. On appelle poids sur $\mathbb{R}$ toute application mesurable, strictement positive sur $\mathbb{R}$ vérifiant la condition suivante :

$$\tilde{\omega}(t) := \sup \text{ess}_{x\in\mathbb{R}} \frac{\omega(x+t)}{\omega(x)} < +\infty, \quad \text{pour tout } t \in \mathbb{R}. \tag{1.5}$$

Soit $L^2_\omega(\mathbb{R})$ l'espace vectoriel des fonctions f mesurables sur $\mathbb{R}$ telles que

$$\int_{\mathbb{R}} |f(x)|^2 \omega(x)^2 dx < +\infty.$$

Pour $a \in \mathbb{R}$, on définit sur $L^2_\omega(\mathbb{R})$ l'opérateur de translation $S_{a,\omega}$ par la formule :

$$(S_{a,\omega}\, f)(x) = f(x-a)\, p.p.$$

On a

$$\|S_{a,\omega}\| = \sup \text{ ess}_{x\in\mathbb{R}} \frac{\omega(x+a)}{\omega(x)} \tag{1.6}$$

et grâce à l'hypothèse (1.5), l'opérateur $S_{a,\omega}$ est borné. On note $\mathcal{M}_\omega$ l'ensemble des multiplicateurs sur $L^2_\omega(\mathbb{R})$, c'est-à-dire l'ensemble des opérateurs bornés, qui commutent avec $S_{a,\omega}$ pour tout $a \in \mathbb{R}$. L'algèbre $\mathcal{M}$ des multiplicateurs sur $L^2(\mathbb{R})$ est bien connue ([**18**], [**22**]) : si $M \in \mathcal{M}$, il existe $h \in L^\infty(\mathbb{R})$ tel que

$$\widehat{Mf} = h\hat{f}, \; \forall f \in L^2(\mathbb{R}). \tag{1.7}$$

La fonction h est appelée le symbole de M. Nous généralisons ce résultat pour tout espace à poids. Nous nous sommes inspirés de résultats analogues dans le cas discret. Plus précisément, Shields montre dans [**33**] que tout multiplicateur sur

$$l^2_\sigma(\mathbb{Z}) := \Big\{ v = (v_n)_{n\in\mathbb{Z}} \mid \sum_{n\in\mathbb{Z}} |v_n|^2 \sigma^2(n) < +\infty \Big\}$$

est associé à une fonction holomorphe bornée sur

$$\Big\{ z \in \mathbb{C} \mid \frac{1}{\rho(S^{-1})} < |z| < \rho(S) \Big\},$$

S désignant le shift sur $l^2_\sigma(\mathbb{Z})$. Le cas où $\frac{1}{\rho(S^{-1})} = \rho(S)$ semble n'avoir été traité que très récemment par Esterle dans [**10**]. Dans la première partie du Chapitre 2, nous établissons un résultat analogue à (1.7) pour tout multiplicateur sur $L^2_\omega(\mathbb{R})$, pour tous les poids ω vérifiant seulement l'hypothèse (1.5). En tenant compte des similitudes entre les opérateurs de Wiener-Hopf et les multiplicateurs, il est naturel de conjecturer que tout opérateur de Wiener-Hopf admet une représentation analogue à (1.4). Il est bien connu que tout opérateur de Wiener-Hopf sur $L^2(\mathbb{R}^+)$ est déterminé par P^+M, où M est un multiplicateur sur $L^2(\mathbb{R})$ ([**17**]) et dans ce cas (1.3) et (1.4) sont des conséquences immédiates des résultats sur les multiplicateurs. Nous n'avons pas pu déterminer si tout opérateur de Wiener-Hopf sur $L^2_\delta(\mathbb{R}^+)$ est la restriction à $L^2_\delta(\mathbb{R}^+)$ d'un multiplicateur sur $L^2_\omega(\mathbb{R})$, où ω est un poids sur $\mathbb{R}$ bien choisi, tel que $\omega|_{\mathbb{R}^+} = \delta$. Néanmoins les méthodes développées pour les multiplicateurs sur les espaces à poids, adaptées avec quelques modifications à la situation des opérateurs de Wiener-Hopf, nous ont permis de résoudre le problème que l'on s'était initialement proposé de traiter. Plus précisément on obtient le résultat suivant.

THÉORÈME 1.1. *Soient δ un poids sur $\mathbb{R}^+$ et $T \in W_\delta$. Alors*
1) *Pour tout $a \in J_\delta$, on a $(Tf)_a \in L^2(\mathbb{R}^+)$, pour $f \in C_c^\infty(\mathbb{R}^+)$.*
2) *Pour tout $a \in J_\delta$ il existe une fonction $\nu_a \in L^\infty(\mathbb{R})$ telle que*

$$(Tf)_a = P^+\mathcal{F}^{-1}(\nu_a\widehat{(f)_a}), \text{ pour } f \in C_c^\infty(\mathbb{R}^+).$$

3) *De plus, si $r_\delta^- < r_\delta^+$, il existe une fonction $\nu \in \mathcal{H}^\infty(\overset{\circ}{\Omega}_\delta)$ telle que pour tout $a \in \overset{\circ}{J}_\delta$*

$$\nu(x + ia) = \nu_a(x), \text{ p.p sur } \mathbb{R}^+$$

et $\|\nu\|_\infty \leq c_\delta\|T\|$.

Ici on utilise les notations suivantes :

$$(f)_a(x) = f(x)e^{-ax}, \text{ p.p.}, \forall f \in L^2_\delta(\mathbb{R}^+), \forall a \in \mathbb{R},$$
$$r_\delta^+ = \lim_{n\to+\infty} \widetilde{\delta^+}(n)^{\frac{1}{n}}, \; r_\delta^- = \lim_{n\to+\infty} \widetilde{\delta^+}(-n)^{-\frac{1}{n}},$$
$$J_\delta := [\ln r_\delta^-, \ln r_\delta^+], \; \Omega_\delta := \{z \in \mathbb{C} \mid \operatorname{Im} z \in J_\delta\},$$
$$c_\delta = \exp\int_1^2 2\ln\widetilde{\delta^+}(u)du.$$

Nous nous sommes ensuite proposé de revenir au problème de l'existence du symbole d'un multiplicateur sur un espace de Banach de fonctions définies non plus sur $\mathbb{R}$, mais sur un groupe LCA. Ce problème étant beaucoup plus général que le problème traité dans le Chapitre 2, nous nous sommes d'abord penchés sur le cas du groupe $\mathbb{Z}$. Soit

$$S : \mathbb{C}^\mathbb{Z} \ni (x(n))_{n\in\mathbb{Z}} \longrightarrow (x(n-1))_{n\in\mathbb{Z}}.$$

Dans le Chapitre 3, nous considérons les espaces de Banach E de suites sur $\mathbb{Z}$, vérifiant les propriétés suivantes :

(H1) L'ensemble $F(\mathbb{Z})$ des suites finies sur $\mathbb{Z}$ est dense dans E et pour tout $n \in \mathbb{Z}$, la fonction

$$p_n : x \longrightarrow x(n)$$

est continue de E dans $\mathbb{C}$.

(H2) On a $S(E) \subset E$ ou $S^{-1}(E) \subset E$.

(H3) On a $\psi_z(E) \subset E$, $\forall z \in \mathbb{T}$ et $\sup_{z\in\mathbb{T}} \|\psi_z\| < +\infty$, où l'opérateur ψ_z est défini par la formule $\psi_z(a)(n) = a(n)z^n \; \forall n \in \mathbb{Z}$.

Dans la suite nous désignons par $spec(S)$ le spectre de l'opérateur S à domaine $F(\mathbb{Z})$ dense dans E. Nous associons à tout multiplicateur sur E une fonction essentiellement bornée sur $spec(S)$ et qui est de plus holomorphe sur $\overset{\circ}{spec(S)}$, si $\overset{\circ}{spec(S)} \neq \emptyset$. Pour tout $k \in \mathbb{Z}$, nous appelons e_k la suite sur $\mathbb{Z}$, dont tous les coefficients sont nuls à l'exeption de $e_k(k)$ qui est égal à 1. On a pour tout $M \in \mathcal{M}(E)$,

$$Ma = a * M(e_0), \; \forall a \in F(\mathbb{Z}). \tag{1.8}$$

On note $\widehat{M}$ la suite $M(e_0)$. On peut associer à chaque multiplicateur une série de Laurent formelle $\widetilde{M}$ définie par la formule

$$\widetilde{M}(z) = \sum_{n\in\mathbb{Z}} \widehat{M}(n)z^n, \; \forall z \in \mathbb{C}.$$

A tout $a \in E$, on peut aussi associer une série formelle en posant

$$\tilde{a}(z) = \sum_{n\in\mathbb{Z}} a(n)z^n, \; \forall z \in \mathbb{C}.$$

La propriété (1.8) entraîne au sens formel

$$\widetilde{Ma}(z) = \widetilde{M}(z)\tilde{a}(z), \; \forall z \in \mathbb{C}.$$

Notons $C_r = \{z \in \mathbb{C} \mid |z| = r\}$, pour $r > 0$. Nous démontrons dans le Chapitre 3 le théorème suivant.

THÉORÈME 1.2. *Soit E un espace de Banach de suites sur $\mathbb{Z}$ vérifiant les hypothèses (H1) et (H3). De plus on suppose les opérateurs S et S^{-1} sont bornés sur E.*

1) *Nous avons* $spec(S) = \left\{ \frac{1}{\rho(S^{-1})} \leq |z| \leq \rho(S) \right\}$.
2) *Soit* $M \in \mathcal{M}(E)$. *Pour* $r > 0$ *tel que* $C_r \subset spec(S)$, $\widetilde{M} \in L^\infty(C_r)$ *et on a* $|\widetilde{M}(z)| \leq \|M\|$, *p.p. sur* C_r.
3) *Si* $\rho(S) > \frac{1}{\rho(S^{-1})}$, $\widetilde{M}$ *est holomorphe sur* $\overset{\circ}{spec}(S)$.

Ainsi nous généralisons le résultat de Shields [**33**]. Nous allons aussi démontrer dans le Chapitre 3 que si E est un espace de Banach vérifiant les conditions (H1), (H2) et (H3) le Théorème 1.2 reste valable. Dans ce cas nous verrons que si S est borné et S^{-1} n'est pas borné, on a $\rho(S^{-1}) = +\infty$. De même si S^{-1} est borné et S n'est pas borné, on a $\rho(S) = +\infty$. Nous remarquerons que si les opérateurs S et S^{-1} ne sont pas bornés sur E, le Théorème 1.2 n'est pas valable en général. Les méthodes employées dans le cas des multiplicateurs servent aussi à associer dans le Chapitre 3 à tout opérateur de Toeplitz un symbole. Dans le Chapitre 4, nous considérons la situation générale où G est un groupe LCA. On note $\widehat{G}$ le groupe dual de G. Pour $x \in G$, soit S_x l'opérateur défini sur $L^1_{loc}(G)$ par

$$S_x f(y) = f(y - x), \text{ p.p.}$$

Pour $\chi \in \widehat{G}$, on note Γ_χ l'opérateur

$$L^1_{loc}(G) \ni f \longrightarrow \chi f.$$

Nous allons considérer des espaces de Banach E satisfaisant les conditions suivantes :

(H1) $C_c(G) \subset E \subset L^1_{loc}(G)$, les deux inclusions étant continues, et $C_c(G)$ est dense dans E.

(H2) Pour tout $x \in G$, $S_x(E) \subset E$ et $\sup_{x \in K} \|S_x\| < +\infty$, pour tout compact $K \subset G$.

(H3) Pour tout $\chi \in \widehat{G}$, $\Gamma_\chi(E) \subset E$ et $\sup_{\chi \in \widehat{G}} \|\Gamma_\chi\| < +\infty$.

Les hypothèses ci-dessus ont été suggérées par les conditions posées dans le cas de $\mathbb{Z}$, mais on demande ici que toutes les translations soient bornées sur E. On appelle multiplicateur sur E tout opérateur borné

$$M : E \longrightarrow E$$

tel que

$$S_x M = M S_x, \ \forall x \in G.$$

L'algèbre des multiplicateurs sur E sera notée $\mathcal{M}(E)$. Soit $\widetilde{G}$ le groupe des morphismes continus de G dans $\mathbb{C}^*$ et soit $\widetilde{G^+}$ le groupe des morphismes continus de G dans $\mathbb{R}^+$ On munit $\widetilde{G}$ de la topologie de la convergence uniforme sur tout compact. On va rechercher un sous-ensemble $\widetilde{G_E}$ de $\widetilde{G}$ tel que pour tout $M \in \mathcal{M}(E)$ et pour tout $f \in C_c(G)$ la fonction $(Mf)\theta^{-1}$ appartienne à $L^2(G)$, pour tout $\theta \in \widetilde{G_E}$. Ceci permettra de définir de manière naturelle la "transformée de Fourier généralisée" de Mf sur $\widetilde{G_E}$. En tenant compte des arguments de **[28]** et **[26]**, un candidat naturel est l'ensemble

$$\widetilde{G_E} = \Big\{\theta \in \widetilde{G} \mid \Big| \int_G f(x)\theta^{-1}(x)dx\Big| \leq \|M_f\|, \ \forall f \in C_c(G)\Big\},$$

où $M_f \in \mathcal{M}(E)$ est l'opérateur de convolution

$$E \ni g \longrightarrow f * g.$$

Notons $A(E)$ l'algèbre fermée engendrée par les opérateurs M_f, avec $f \in C_c(G)$ et $B(E)$ l'algèbre fermée engendrée par les translations. Dans le Chapitre 4, nous verrons que l'ensemble $\widetilde{G_E}$ est isomorphe à l'ensemble non vide des caractères de l'algèbre $A(E)$. On pose

$$\widetilde{G_E^+} = \{|\theta|, \ \theta \in \widetilde{G_E}\}.$$

Il est facile de remarquer que

$$\widetilde{G_E} = \widetilde{G_E^+}\widehat{G}.$$

Soit U un ouvert de $\mathbb{C}^p$. Une fonction

$$\Pi : U \ni \lambda \longrightarrow \Pi(\lambda) \in \widetilde{G}$$

est dite analytique sur U, si pour tout $x \in G$, la fonction

$$U \ni \lambda \longrightarrow \Pi(\lambda)(x) \in \mathbb{C}$$

est analytique sur U. On note d la mesure discrète sur $\widetilde{G_E^+}$. Nous obtenons le résultat suivant.

THÉORÈME 1.3. *Soit E un espace de Banach vérifiant les hypothèses (H1), (H2) et (H3).*
i) Soient $M \in \mathcal{M}(E)$ et $\theta \in \widetilde{G_E}$. Pour tout $f \in C_c(G)$, $(Mf)\theta^{-1} \in L^2(G)$. Posons pour tout $\delta \in \widetilde{G_E^+}$ et pour presque tout $\chi \in \widehat{G}$,

$$\widetilde{Mf}(\delta\chi) = \widehat{(Mf)\delta^{-1}}(\chi).$$

Il existe une fonction $h_M \in L^\infty(\widetilde{G_E}, d \otimes m)$ *telle que*

$$\widetilde{(Mf)} = h_M \tilde{f},\ \forall f \in C_c(G)$$

et $\|h_M\|_\infty \leq C\|M\|$, *où* C *est une constante ne dépendant pas de* M.
ii) Soit U *un ouvert de* $\mathbb{C}^p$. *Soit* $\Pi : U \longrightarrow \widetilde{G_E}$ *une fonction analytique. Il existe une fonction* $H_{M,\Pi} \in L^\infty(\widehat{G}, \mathcal{H}^\infty(U))$ *telle que pour tout* $\lambda \in U$ *pour presque tout* $\chi \in \widehat{G}$,

$$\widetilde{Mf}\Big(\Pi(\lambda)\chi\Big) = H_{M,\Pi}(\chi)(\lambda)\tilde{f}\Big(\Pi(\lambda)\chi\Big),\ \forall f \in C_c(G).$$

Dans le Chapitre 4, nous verrons que $\widetilde{G_E^+}$ est log-convexe et compact. Nous remarquons aussi que

$$\widetilde{G_E} \subset \{\theta \in \widetilde{G},\ |\theta^{-1}(x)| \leq \rho(S_x),\ \forall x \in G\}.$$

Si G est un groupe discret ou un groupe compact nous verrons que

$$\widetilde{G_E} = \{\theta \in \widetilde{G},\ |\theta^{-1}(x)| \leq \rho(S_x),\ \forall x \in G\}.$$

Nous conjecturons que la caractérisation précédente est valable pour tout groupe LCA. Dans les trois chapitres nous approximons un multiplicateur pour la topologie forte des opérateurs par une suite ou par une suite généralisée d'opérateurs de convolutions par des fonctions continues à support compact. Mais les méthodes employées ensuite dans le cas d'un groupe LCA général sont très différentes de celles utilisées dans le Chapitre 2. En effet dans le Chapitre 2, nous nous servons d'une méthode constructive, alors que dans le Chapitre 4, nous utilisons les caractères des algèbres $A(E)$ et $B(E)$ et des propriétés des algèbres de Banach et nous faisons largement usage de l'axiome du choix, ce qui permet en particulier de traiter les groupes LCA non σ-compacts.

CHAPITRE 2

Symbole d'un opérateur de Wiener-Hopf sur $L^2_\delta(\mathbb{R}^+)$

1. Introduction

Dans ce chapitre on expose les résultats démontrés dans [**28**] et [**29**]. On appellera poids sur $\mathbb{R}$ toute application mesurable, strictement positive sur $\mathbb{R}$ vérifiant la condition suivante :

$$\tilde{\omega}(t) := \sup \mathrm{ess}_{x\in\mathbb{R}} \frac{\omega(x+t)}{\omega(x)} < +\infty, \quad \text{pour tout } t \in \mathbb{R}. \tag{2.1}$$

Soit $L^2_\omega(\mathbb{R})$ l'espace vectoriel des fonctions f mesurables sur $\mathbb{R}$ telles que

$$\int_{\mathbb{R}} |f(x)|^2 \omega(x)^2 dx < +\infty.$$

On munit $L^2_\omega(\mathbb{R})$ de la structure Hilbertienne associée au produit scalaire

$$< f, g > := < f, g >_\omega = \int_{\mathbb{R}} f(x)\overline{g}(x)\omega(x)^2 dx,$$

de sorte que l'espace $C_c^\infty(\mathbb{R})$ des fonctions de classe C^∞ et à support compact est dense dans $L^2_\omega(\mathbb{R})$. Pour $a \in \mathbb{R}$, on définit sur $L^2_\omega(\mathbb{R})$ l'opérateur de translation $S_{a,\omega}$ par la formule : $(S_{a,\omega} f)(x) = f(x-a)$ p.p. On a

$$\|S_{a,\omega}\| = \sup \ \mathrm{ess}_{\, x\in\mathbb{R}} \frac{\omega(x+a)}{\omega(x)} \tag{2.2}$$

et grâce à l'hypothèse (2.1), l'opérateur $S_{a,\omega}$ est borné. On note $\mathcal{M}_\omega$ l'ensemble des multiplicateurs sur $L^2_\omega(\mathbb{R})$, c'est-à-dire l'ensemble des opérateurs $M \in B(L^2_\omega(\mathbb{R}))$, qui commutent avec $S_{a,\omega}$ pour tout $a \in \mathbb{R}$, $B(X)$ désignant l'ensemble des opérateurs bornés sur un espace de Banach X. L'algèbre $\mathcal{M}$ des multiplicateurs sur $L^2(\mathbb{R})$ est bien connue ([**18**], [**22**]) : si $M \in \mathcal{M}$, il existe $h \in L^\infty(\mathbb{R})$ tel que

$$\widehat{Mf} = h\hat{f}, \ \forall f \in L^2(\mathbb{R}), \tag{2.3}$$

$\hat{f}$ désignant la transformée de Fourier d'une fonction $f \in L^2(\mathbb{R})$. La fonction h est appelée le symbole de M. Réciproquement, la formule (2.3) associe à toute fonction

$h \in L^\infty(\mathbb{R})$ un multiplicateur sur $L^2(\mathbb{R})$. Des résultats analogues sur l'existence du symbole d'un multiplicateur sont connus dans le cas discret. Plus précisément, Shields montre dans **[33]** que tout multiplicateur sur

$$l^2_\sigma(\mathbb{Z}) := \Big\{v = (v_n)_{n\in\mathbb{Z}} \mid \sum_{n\in\mathbb{Z}} |v_n|^2\sigma^2(n) < +\infty\Big\}$$

est associé à une fonction holomorphe bornée sur

$$\{z \in \mathbb{C} \mid \frac{1}{\rho(S^{-1})} < |z| < \rho(S)\},$$

S désignant le shift sur $l^2_\sigma(\mathbb{Z})$. Le cas où $\frac{1}{\rho(S^{-1})} = \rho(S)$ ne semble avoir été traité que très récemment par Esterle dans **[10]**. Dans le cas continu des études approfondies du symbole d'un multiplicateur sur $L^2_\omega(\mathbb{R})$ ont été faites pour ω un poids particulier fixé (cf. **[35]** et **[34]**). Cependant, l'existence du symbole d'un opérateur de $\mathcal{M}_\omega$ semble ne pas avoir été étudiée pour un poids quelconque. On se propose d'établir un résultat analogue à (2.3) pour tout multiplicateur sur $L^2_\omega(\mathbb{R})$, pour tous les ω vérifiant seulement l'hypothèse (2.1). Etant donnés les résultats de **[33]** et **[10]**, il est naturel de considérer la bande

$$A_\omega = \{z \in \mathbb{C} \mid \ln R^-_\omega \leq \operatorname{Im} z \leq \ln R^+_\omega\},$$

où

$$R^+_\omega = \lim_{x\to+\infty} \tilde{\omega}(x)^{\frac{1}{x}} = \lim_{n\to+\infty} \|(S_{1,\omega})^n\|^{\frac{1}{n}} = \rho(S_{1,\omega})$$

et

$$R^-_\omega = \lim_{x\to+\infty} \tilde{\omega}(-x)^{-\frac{1}{x}} = \lim_{n\to+\infty} \|(S_{-1,\omega})^n\|^{-\frac{1}{n}} = \frac{1}{\rho(S_{-1,\omega})}.$$

Soit $M \in \mathcal{M}_\omega$. Pour $a \in \mathbb{R}$ et $f \in L^2_\omega(\mathbb{R})$, on définit la fonction

$$(f)_a : t \longrightarrow e^{at} f(t).$$

On va montrer que pour $a \in I_\omega := [\ln R^-_\omega, \ln R^+_\omega]$ et $f \in C^\infty_c(\mathbb{R})$, la fonction $(Mf)_a$ appartient à $L^2(\mathbb{R})$ et qu'il existe $\nu_a \in L^\infty(\mathbb{R})$ tel que

$$\widehat{(Mf)_a}(x) = \nu_a(x)\widehat{(f)_a}(x) \ p.p.$$

et

$$\|\nu_a\|_\infty \leq C_\omega \|T\|, \quad C_\omega = \exp\Big(\int_{-\frac{1}{2}}^{\frac{1}{2}} 2\ln\tilde{\omega}(y)dy\Big).$$

Ceci est une généralisation directe à $\mathcal{M}_\omega$ du résultat (2.3) concernant $\mathcal{M}$ si

$$R^-_\omega \leq 1 \leq R^+_\omega.$$

De plus, quand $R_\omega^- < R_\omega^+$, la fonction

$$\nu : z = a + ix \longrightarrow \nu_a(x)$$

est holomorphe sur $\overset{\circ}{A}_\omega$. Nous reprenons ici certaines méthodes de [**10**] et [**33**], mais le cas continu présente de sérieuses difficultés supplémentaires par rapport au cas discret. En effet, si ω est un poids quelconque, il n'est pas du tout évident que $\widehat{(Mf)_a} \in \mathcal{S}(\mathbb{R})'$, pour $M \in \mathcal{M}_\omega$, $a \in I_\omega$ et $f \in C_c^\infty(\mathbb{R})$. Nous traitons en premier le cas des opérateurs de convolution avec une fonction de $C_c^\infty(\mathbb{R})$. Tout d'abord, dans la partie 2 de ce chapitre, nous nous ramenons au cas d'un poids continu, qui vérifie des propriétés supplémentaires. Dans la partie 3, on démontre que pour tout $M \in \mathcal{M}_\omega$, il existe une suite $(\phi_n)_{n\in\mathbb{N}} \subset C_c^\infty(\mathbb{R})$ telle que M est la limite pour la topologie forte des opérateurs de la suite $(M_{\phi_n})_{n\in\mathbb{N}}$, où $M_{\phi_n} : f \longrightarrow f * \phi_n$ est le multiplicateur sur $L^2_\omega(\mathbb{R})$ associé à ϕ_n. De plus, nous disposons d'un contrôle sur la norme de M_{ϕ_n}. Puis, dans la section 4, grâce à plusieurs lemmes techniques, nous montrons que

$$|\widehat{\phi}(\alpha)| \leq \|T_\phi\|, \ \forall \phi \in C_c^\infty(\mathbb{R}), \ \forall \alpha \in A_\omega.$$

Nous déduisons de ces résultats, à la section 5, le théorème concernant les multiplicateurs sur $L^2_\omega(\mathbb{R})$ énoncé ci-dessous.

THÉORÈME 2.1. *Soit ω un poids sur $\mathbb{R}$ et soit $M \in \mathcal{M}_\omega$.*
1) *On a $(Mf)_a \in L^2(\mathbb{R})$, pour $f \in C_c^\infty(\mathbb{R})$ et $a \in I_\omega$.*
2) *Pour $a \in I_\omega$, il existe une fonction $\nu_a \in L^\infty(\mathbb{R})$ telle que*

$$\widehat{(Mf)_a}(x) = \nu_a(x)\widehat{(f)_a}(x), \ \forall f \in C_c^\infty(\mathbb{R}), \ p.p.$$

De plus, on a $\|\nu_a\|_\infty \leq C_\omega \|M\|$, $\forall a \in I_\omega$.
3) *Si $R_\omega^- < R_\omega^+$, il existe une fonction $\nu \in \mathcal{H}^\infty(\overset{\circ}{A}_\omega)$ telle que :*

$$\widehat{Mf} = \nu \hat{f}, \ \forall f \in C_c^\infty(\mathbb{R}),$$

où $\widehat{Mf}(x + ia) = \widehat{(Mf)_a}(x)$ pour $a \in \overset{\circ}{I}_\omega$, $f \in C_c^\infty(\mathbb{R})$.
4) *$spec(S_\omega) = \{z \in \mathbb{C} \mid R_\omega^- \leq |z| \leq R_\omega^+\}$.*

Dans ce chapitre nous allons étudier aussi un problème assez similaire. On dira que δ est un poids sur $\mathbb{R}^+ = [0, \infty[$ si δ est une fonction mesurable, strictement positive sur $\mathbb{R}^+$ vérifiant les propriétés suivantes :

$$0 < \sup \text{ess}_{y \geq 0} \frac{\delta(x+y)}{\delta(y)} < +\infty, \text{ pour } x \geq 0, \tag{2.4}$$

(2.5) $$0 < \sup \text{ess}_{y\geq 0}\frac{\delta(y)}{\delta(y-x)}, \text{ pour } < +\infty\ x < 0.$$

Notre objectif est de démontrer un théorème de représentation pour les opérateurs de Wiener-Hopf sur l'espace

$$L^2_\delta(\mathbb{R}^+) := \Big\{ f \text{ mesurable sur } \mathbb{R}^+ \mid \int_0^{+\infty} |f(x)|^2\delta(x)^2dx < +\infty \Big\}.$$

Il est clair que l'espace $L^2_\delta(\mathbb{R}^+)$ est un espace de Hilbert si on le munit de la forme sesquilinéaire définie par la formule

$$< f, g > := < f, g >_\delta = \int_{\mathbb{R}^+} f(x)\overline{g}(x)\delta(x)^2dx,\ \forall f \in L^2_\delta(\mathbb{R}^+),\ \forall g \in L^2_\delta(\mathbb{R}^+).$$

On définit, pour $a \geq 0$,

$$U_{a,\delta} : L^2_\delta(\mathbb{R}^+) \longrightarrow L^2_\delta(\mathbb{R}^+)$$

par la formule :

$$U_{a,\delta}f(x) = f(x-a),\ p.p \text{ pour } x \geq a,\ \ U_{a,\delta}f(x) = 0, \text{ pour } 0 \leq x < a.$$

On définit, pour $a > 0$,

$$V_{a,\delta} : L^2_\delta(\mathbb{R}^+) \longrightarrow L^2_\delta(\mathbb{R}^+)$$

par la formule :

$$V_{a,\delta}f(x) = f(x+a),\ p.p. \text{ pour } x \geq 0.$$

Posons

$$\widetilde{\delta^+}(a) = \|U_{a,\delta}\|,\ \forall a \geq 0$$

et

$$\widetilde{\delta^+}(a) = \|V_{-a,\delta}\|,\ \forall a < 0.$$

Quand il n'y a pas de risque de confusion, nous écrirons U_a (resp. V_a) au lieu de $U_{a,\delta}$ (resp. $V_{a,\delta}$ et U (resp. V) au lieu de U_1 (resp. V_1). On définit

$$P^+ : L^1_{loc}(\mathbb{R}) \longrightarrow L^1_{loc}(\mathbb{R}^+)$$

par la formule : $P^+f(x) = f(x)$, p.p. $x \geq 0$ et $P^+f(x) = 0$, pour $x < 0$. et on définit

$$P^- : L^1_{loc}(\mathbb{R}) \longrightarrow L^1_{loc}(\mathbb{R}^-)$$

par la formule : $P^-f(x) = f(x)$, p.p. $x \leq 0$ et $P^-f(x) = 0$, pour $x > 0$.

DÉFINITION 2.1. *Un opérateur $T \in B(L^2_\delta(\mathbb{R}^+))$ est appelé opérateur de Wiener-Hopf si*

$$V_aTU_af = Tf,\ \forall a \in \mathbb{R}^+,\ \forall f \in L^2_\delta(\mathbb{R}^+).$$

On note W_δ l'espace des opérateurs de Wiener-Hopf sur $L^2_\delta(\mathbb{R}^+)$ et on note $C_c^\infty(\mathbb{R}^+)$ l'espace des fonctions de $C_c^\infty(\mathbb{R})$ à support dans $\mathbb{R}^+$. Le cas $\delta = 1$ est bien connu (cf. [**17**]). En effet, pour tout $T \in W_1$, il existe une distribution μ_T telle que

$$Tf = P^+(\mu_T * f), \text{ pour } f \in C_c^\infty(\mathbb{R}^+). \tag{2.6}$$

De plus, il existe une function $h \in L^\infty(\mathbb{R})$, appelée le symbole de T, telle que

$$Tf = P^+\mathcal{F}^{-1}(h\hat{f}), \text{ pour } f \in L^2(\mathbb{R}^+). \tag{2.7}$$

Nous allons généraliser les résultats (2.6) et (2.7) pour $T \in W_\delta$, où δ vérifie (2.1). En tenant compte des similitudes entre les opérateurs de Wiener-Hopf et les multiplicateurs, il est naturel de conjecturer que tout opérateur de Wiener-Hopf admet une représentation analogue à (2.7). Tout opérateur de Wiener-Hopf sur $L^2(\mathbb{R}^+)$ est déterminé par P^+M, où M est un multiplicateur sur $L^2(\mathbb{R})$ ([**17**]) et dans ce cas (2.6) et (2.7) sont des conséquences immédiates des résultats sur les multiplicateurs. Par contre, on ne sait pas si tout opérateur de Wiener-Hopf sur $L^2_\delta(\mathbb{R}^+)$ est la restriction à $L^2_\delta(\mathbb{R}^+)$ d'un multiplicateur sur $L^2_\omega(\mathbb{R})$, où ω est un poids sur $\mathbb{R}$ bien choisi, tel que $\omega|_{\mathbb{R}^+} = \delta$. Néanmoins les méthodes développées pour les multiplicateurs sur les espaces à poids peuvent être adaptées avec quelques modifications à la situation des opérateurs de Wiener-Hopf. Nous détaillerons les étapes du raisonnement qui diffèrent. Nous obtenons le résultat ci-dessous.

Posons

$$r_\delta^+ = \lim_{n\to+\infty} \widetilde{\delta^+}(n)^{\frac{1}{n}},\ r_\delta^- = \lim_{n\to+\infty} \widetilde{\delta^+}(-n)^{-\frac{1}{n}},$$
$$J_\delta := [\ln r_\delta^-, \ln r_\delta^+],\ \Omega_\delta := \{z \in \mathbb{C} \mid \operatorname{Im} z \in J_\delta\},$$
$$c_\delta = \exp \int_1^2 2\ln \widetilde{\delta^+}(u)du.$$

Théorème 2.2. *Soient δ un poids sur $\mathbb{R}^+$ et $T \in W_\delta$. Alors*

1) *Pour tout $a \in J_\delta$, on a $(Tf)_a \in L^2(\mathbb{R}^+)$, pour $f \in C_c^\infty(\mathbb{R}^+)$.*

2) *Pour tout $a \in J_\delta$ il existe une fonction $\nu_a \in L^\infty(\mathbb{R})$ telle que*

$$(Tf)_a = P^+\mathcal{F}^{-1}(\nu_a\widehat{(f)_a}), \text{ pour } f \in C_c^\infty(\mathbb{R}^+).$$

3) *De plus, si $r_\delta^- < r_\delta^+$, il existe une fonction $\nu \in \mathcal{H}^\infty(\overset{\circ}{\Omega}_\delta)$ telle que pour tout $a \in \overset{\circ}{J}_\delta$*

$$\nu(x + ia) = \nu_a(x), \text{ p.p sur } \mathbb{R}^+$$

et $\|\nu\|_\infty \leq c_\delta\|T\|$.

2. Symbole d'un multiplicateur sur $L^2_\omega(\mathbb{R})$

2.1. Exemples. Nous allons donner quelques exemples de poids sur $\mathbb{R}$.

Exemple 1. Soit $\omega(x) = 1$, pour $x < 0$ et $\omega(x) = e^x$, sinon. Alors on a

$$\|S_{a,\omega}\| = e^a, \ \forall a \in \mathbb{R}.$$

Il est clair que ω vérifie (2.1), $R^+_\omega = e$ et $R^-_\omega = 1$. Ici, on a $R^+_\omega > R^-_\omega$.

Exemple 2. Soit $\omega(x) = e^x$, pour tout $x \in \mathbb{R}$. On a $\|S_{a,\omega}\| = e^a < +\infty$, pour tout $a \in \mathbb{R}$. On remarque que $R^+_\omega = R^-_\omega = e$.

Exemple 3. Soit $\omega(x) = e^{x^2}$, pour tout $x \in \mathbb{R}$. On a $\|S_{a,\omega}\| = +\infty$, pour tout $a \neq 0$. La fonction ω ne vérifie pas la condition (2.1). Cependant, dans l'espace $L^2_\omega(\mathbb{R})$ tous les multiplicateurs sont triviaux, i.e. égaux à une constante fois l'identité (cf. [**24**]).

2.2. Préliminaires. Dans cette section, on montre que tout poids ω est en fait équivalent à un poids ω_0 qui vérifie de bonnes propriétés de régularité. Dans ce but, nous reprenons ici des arguments développés par Beurling et Malliavin dans [**4**]. Posons

$$\gamma(x) = \ln(\omega(x))\, p.p.$$

et soit

$$b(t) := \sup \mathrm{ess}_{x\in\mathbb{R}} |\gamma(x+t) - \gamma(x)|, \ \forall t \in \mathbb{R}.$$

D'après (2.1), on a $b(t) < +\infty$, pour tout $t \in \mathbb{R}$. La fonction b est paire et sous-additive. De plus, elle est mesurable. Comme l'union des ensembles

$$E_n = \{t \in \mathbb{R} \mid b(t) \leq n\}$$

est $\mathbb{R}$, la mesure de E_n est strictement positive pour n assez grand. Soit $M > 0$ tel que

$$E = \{t \in \mathbb{R} \mid b(t) \leq M\}$$

est de mesure non nulle. Quitte à réduire E, on peut supposer que la mesure de E est finie. On pose $g(x) = \chi_E * \chi_{-E}(x)$, pour tout $x \in \mathbb{R}$, où χ_E est la fonction caractéristique de E. Le support de g est contenu dans

$$E_1 = \{t \in \mathbb{R} \mid t = t_1 - t_2,\ t_1 \in E,\ t_2 \in E\}.$$

La fonction g est continue car c'est la convolée d'une fonction de $L^1(\mathbb{R})$ avec une fonction de $L^\infty(\mathbb{R})$. Comme $g(0)$ est égal à la mesure de E, qui est strictement positive, g est strictement positive sur un voisinage de 0 et E_1 contient un intervalle ouvert non vide. Comme b est sous-additive, on a pour tout compact K de $\mathbb{R}$

$$\sup_{x \in K} b(x) < +\infty. \tag{2.8}$$

Posons $M_0 = \sup_{x\in[-1,1]} b(x)$. On fixe $a > 0$. On va montrer que

$$\sup \mathrm{ess}_{x\in[-a,a]} |\gamma(x)| < +\infty.$$

Soit M_a tel que $|b(t)| \le M_a$ pour tout $t \in [-2a, 2a]$. Soit

$$J_a = \Big\{(x,t) \in [-a,a] \times [-2a,2a] \ \mid\ |\gamma(x+t) - \gamma(x)| > M_a\Big\}.$$

On a $\int_{-2a}^{2a}\Big(\int_{-a}^{a} \chi_{J_a}\, dx\Big)\, dt = 0$ et d'après le théorème de Fubini on obtient

$$\int_{-a}^{a}\Big(\int_{-2a}^{2a} \chi_{J_a}\, dt\Big)\, dx = 0.$$

Cela implique que pour presque tout $x \in [-a,a]$, on a $|\gamma(x+t) - \gamma(x)| \le M_a$, pour presque tout $t \in [-2a, 2a]$. On fixe $x_0 \in [-a,a]$ pour lequel on a

$$|\gamma(x_0 + t) - \gamma(x_0)| \le M_a$$

pour presque tout $t \in [-2a, 2a]$ et on obtient

$$|\gamma(x_0 + t)| \le M_a + |\gamma(x_0)|,$$

pour presque tout $t \in [-2a, 2a]$. Ainsi, on a $|\gamma(z)| \le |\gamma(x_0)| + M_a$, pour presque tout $z \in [-a,a]$. Cela implique que γ est localement intégrable. On peut définir un poids ω_0, par la formule :

$$\omega_0(x) = \exp\Big(\int_{-\frac{1}{2}}^{\frac{1}{2}} \gamma(x+u)\, du\Big), \quad \forall x \in \mathbb{R}. \tag{2.9}$$

Le poids ω_0 est continu. On pose $\gamma_0(x) = \ln(\omega_0(x))$. La fonction γ_0 est liptchitzienne. En effet, pour tout $x \in \mathbb{R}$ on a

$$\gamma_0(x) = \int_{-\frac{1}{2}+x}^{\frac{1}{2}+x} \gamma(t)\, dt$$

et

$$\gamma_0{}'(x) = \gamma\Big(\frac{1}{2} + x\Big) - \gamma\Big(x - \frac{1}{2}\Big) \ \ p.p.$$

De plus, on a

$$\gamma_0(x+t) - \gamma_0(x) = \int_x^{x+t} \gamma_0{}'(u)\, du, \ \text{ pour tout } x \in \mathbb{R}, \ \text{ pour tout } t \in \mathbb{R},$$

car γ_0 est absolument continue. Comme

$$\sup \text{ess}_{x\in\mathbb{R}} |\gamma_0{}'(x)| = b(1) \leq M_0,$$

on obtient

$$|\gamma_0(x+t) - \gamma_0(x)| \leq M_0|t|, \ \forall x \in \mathbb{R}, \ \forall t \in \mathbb{R}. \tag{2.10}$$

De plus, on a

$$\tilde{\omega_0}(y) = \sup_{x\in\mathbb{R}} \exp\left(\gamma_0(x+y) - \gamma_0(x)\right) \leq e^{M_0|y|}, \ \forall y \in \mathbb{R},$$

d'après (2.10). Ainsi, pour tout K compact de $\mathbb{R}$ on a :

$$\sup_{y\in K} \tilde{\omega_0}(y) < +\infty \tag{2.11}$$

et le poids ω_0 vérifie la propriété :

$$\lim_{n\to+\infty} \sup_{|y|\leq\frac{1}{n}} \tilde{\omega_0}(y) = 1. \tag{2.12}$$

De plus, le poids ω_0 est équivalent au poids ω. En effet, on a

$$\frac{\omega_0(x)}{\omega(x)} = \exp\Big(\int_{-\frac{1}{2}}^{\frac{1}{2}} \gamma(x+u) - \gamma(x) du\Big)$$

$$\leq \exp\Big(\int_{-\frac{1}{2}}^{\frac{1}{2}} M_0\, du\Big) = e^{M_0} \ \ p.p.$$

De même, on a

$$\frac{\omega(x)}{\omega_0(x)} \leq e^{M_0} \ \ p.p.$$

Posons $\beta_\omega = \sup \text{ess}_{x\in\mathbb{R}} \frac{\omega_0(x)}{\omega(x)}$. On a

$$\beta_\omega = \exp \int_{-\frac{1}{2}}^{\frac{1}{2}} \sup \text{ess}_{x\in\mathbb{R}} \left(\gamma(x+u) - \gamma(x)\right) du$$

$$= \exp \int_{-\frac{1}{2}}^{\frac{1}{2}} \ln \tilde{\omega}(u)\, du.$$

On remarque que

$$\sup \text{ess}_{x\in\mathbb{R}} \frac{\omega(x)}{\omega_0(x)} = \exp \int_{-\frac{1}{2}}^{\frac{1}{2}} \ln \tilde{\omega}(-u) du = \beta_\omega$$

et on a

$$\beta_\omega^{-1}\, \omega(x) \leq \omega_0(x) \leq \beta_\omega\, \omega(x) \;\; p.p.$$

Comme le poids ω est équivalent à un poids continu, ω vérifie la propriété suivante :

(2.13) $\quad 0 < \inf \text{ess}_{y\in K}\, \omega(y) \leq \sup \text{ess}_{y\in K}\, \omega(y) < +\infty,$ pour tout K compact de $\mathbb{R}$.

De plus, d'après (2.11), on obtient :

(2.14) $$\sup_{y\in K} \tilde{\omega}(y) < +\infty, \text{ pour tout K compact de } \mathbb{R}.$$

L'équivalence entre ω et ω_0 implique que $L^2_\omega(\mathbb{R}) = L^2_{\omega_0}(\mathbb{R})$. Pour $T \in B_\omega = \mathcal{B}(L^2_\omega(\mathbb{R}))$, on note

$$\|T\|_{B_\omega} := \sup_{f\in L^2_\omega(\mathbb{R}),\ f\neq 0} \frac{\|Tf\|_\omega}{\|f\|_\omega} \text{ et } \|T\|_{B_{\omega_0}} := \sup_{f\in L^2_\omega(\mathbb{R}),\ f\neq 0} \frac{\|Tf\|_{\omega_0}}{\|f\|_{\omega_0}}.$$

Si aucune confusion n'est possible, la norme de T sera notée $\|T\|$. On remarque que

$$\beta_\omega{}^{-2}\, \|T\|_{B_\omega} \leq \|T\|_{B_{\omega_0}} \leq \beta_\omega{}^{2}\, \|T\|_{B_\omega}.$$

Cela implique

$$R^+_\omega = R^+_{\omega_0},\;\; R^-_\omega = R^-_{\omega_0}$$

et les bandes A_ω et A_{ω_0} associées aux poids ω et ω_0 sont égales.

Pour démontrer l'existence du symbole d'un opérateur de $\mathcal{M}_\omega$ on peut donc sans perte de généralité supposer que ω est continu.

2.3. Approximation d'un multiplicateur sur $L^2_\omega(\mathbb{R})$. Nous allons maintenant approximer un multiplicateur de $L^2_\omega(\mathbb{R})$ par une suite d'opérateurs de convolution avec des fonctions de $C_c^\infty(\mathbb{R})$. Pour $K \subset \mathbb{R}$ compact on pose

$$C_K^\infty(\mathbb{R}) = \{f \in C_c^\infty(\mathbb{R}) \mid \operatorname{supp} f \subset K\}.$$

Soit

$$H^1(\mathbb{R}) = \{f \in L^2(\mathbb{R}) \mid f' \in L^2(\mathbb{R})\},$$

la dérivée étant calculée au sens des distributions. Soit ω un poids sur $\mathbb{R}$. On pose

$$\omega^*(x) = \frac{1}{\omega(-x)}, \ \forall x \in \mathbb{R}$$

et

$$[f,g] := [f,g]_\omega = \int_{\mathbb{R}} f(x)g(-x)dx,$$

pour $f \in L^2_\omega(\mathbb{R})$ et $g \in L^2_{\omega^*}(\mathbb{R})$. Les deux lemmes suivants sont connus (cf. [**24**]), mais nous allons donner leurs preuves car nous utiliserons ultérieurement les mêmes arguments.

LEMME 2.1. *Soit ω un poids sur $\mathbb{R}$. Soient $M \in \mathcal{M}_\omega$ et $f \in C_c^\infty(\mathbb{R})$. Alors $M(f')$ est la dérivée de $M(f)$ au sens des distributions.*

Preuve. Soit $(h_n)_{n\in\mathbb{N}}$ une suite réelle qui converge vers 0 et soit f dans $C_c^\infty(\mathbb{R})$. Alors on a

$$\left|\frac{(S_{-h_n}f)(x) - f(x)}{h_n} - f'(x)\right| \leq 2\|f'\|_\infty, \ \forall n \in \mathbb{N}.$$

Par convergence dominée, on obtient

$$\lim_{n\to+\infty}\left\|\frac{S_{-h_n}f - f}{h_n} - f'\right\|_\omega = 0$$

et cela entraîne

$$\lim_{n\to+\infty}\left\|\frac{M(S_{-h_n}f) - Mf}{h_n} - M(f')\right\|_\omega = 0.$$

Comme M est un multiplicateur,

$$\lim_{n\to+\infty}\int_{-\infty}^{+\infty}\left|\frac{(Mf)(x+h_n) - (Mf)(x)}{h_n} - (M(f'))(x)\right|^2 \omega(x)^2 dx = 0$$

et $\frac{(S_{-h_n}M)f - Mf}{h_n}$ converge vers $M(f')$ dans $L^2_{loc}(\mathbb{R})$. On en déduit que la dérivée de Mf au sens des distributions est $M(f')$. □

LEMME 2.2. *Soit ω un poids sur $\mathbb{R}$. Pour tout $M \in \mathcal{M}_\omega$, il existe une distribution μ_M d'ordre 1, telle que $Mf = \mu_M * f$, pour $f \in C_c^\infty(\mathbb{R})$.*

Preuve. Nous reprenons le schéma utilisé par Hörmander (cf.[**18**]) dans le cas d'un multiplicateur sur $L^2(\mathbb{R})$. Soit B la boule unité de $\mathbb{R}$. Soit g une fonction de classe C^∞, égale à 1 au voisinage de 0 et à support dans B. Si $f \in C_c^\infty(\mathbb{R})$, on a $gMf \in H^1(\mathbb{R})$. Donc gMf est égale *p.p.* à une fonction continue et on peut définir $(Mf)(0)$ comme la valeur de gMf en 0. Soit μ_M l'application sur $C_c^\infty(\mathbb{R})$ définie par $\langle \mu_M, f\rangle = (M\tilde{f})(0)$, où $\tilde{f}(x) = f(-x)$. Nous allons démontrer que l'application μ_M est une distribution. On va appliquer le lemme de Sobolev (cf.[**31**], p.186) à $gM\tilde{f}$. Nous avons

$$|(M\tilde{f})(0)| = |(gM\tilde{f})(0)| \leq C_0\Big(\|gM\tilde{f}\|_{L^2(B)} + \|(gM\tilde{f})'\|_{L^2(B)}\Big),$$

où $C_0 > 0$ ne dépend pas de f. Cela montre qu'il existe une constante C telle que :

$$|(M\tilde{f})(0)| \leq C\Big(\Big(\int_{|x|\leq 1} |(M\tilde{f})(x)|^2 dx\Big)^{\frac{1}{2}} + \Big(\int_{|x|\leq 1} |(M\tilde{f})'(x)|^2 dx\Big)^{\frac{1}{2}}\Big)$$

et avec une autre constante $\tilde{C} > 0$ on obtient, grâce à (2.13) :

$$|(M\tilde{f})(0)| \leq \tilde{C}\Big(\|M\tilde{f}\|_\omega + \|M(\tilde{f}')\|_\omega\Big) \leq \tilde{C}\|M\|\Big(\|\tilde{f}\|_\omega + \|\tilde{f}'\|_\omega\Big).$$

Soit K un compact de $\mathbb{R}$. Si $f \in C_c^\infty(\mathbb{R})$ on a :

$$|(M\tilde{f})(0)| \leq C(K)\Big(\|\tilde{f}\|_\infty + \|\tilde{f}'\|_\infty\Big),$$

où $C(K)$ ne dépend que de K et donc l'application $\mu_M : f \longrightarrow (M\tilde{f})(0)$ est une distribution. On a :

$$\begin{aligned}(Mf)(y) &= S_{-y}(Mf)(0) = (MS_{-y})(f)(0)\\ &=< \mu_{M,x}, f(y-x) >, \ \forall f \in C_c^\infty(\mathbb{R}), \ \forall y \in \mathbb{R}.\end{aligned}$$

On conclut que

$$Mf = \mu_M * f, \ \forall f \in C_c^\infty(\mathbb{R}). \ \square$$

On dira que $M \in \mathcal{M}_\omega$ est à support compact quand la distribution μ_M associée à M est à support compact.

DÉFINITION 2.2. *Soit $M \in \mathcal{M}_\omega$ à support compact. On appellera symbole de M la fonction $\hat{\mu}_M$ définie sur $\mathbb{C}$ par :*

$$\hat{\mu}_M(s) = \langle \mu_M, e^{-isx}\rangle.$$

Le symbole de S_t est $\widehat{\delta_t}(s) = e^{-its}$. Si $\phi \in C_c^\infty(\mathbb{R})$, le symbole de M_ϕ est $\hat{\phi}$.

On déduit du Lemme 2.2 le résultat (certainement bien connu) suivant.

Corollaire 2.1. *Soit ω un poids sur $\mathbb{R}$. L'algèbre $\mathcal{M}_\omega$ est commutative.*

Preuve. Pour $M \in B(L^2_\omega(\mathbb{R}))$, on note M^* l'opérateur sur $L^2_{\omega^*}(\mathbb{R})$ tel que

$$[Mf, h] = [f, M^*h], \;\; \forall f \in L^2_\omega(\mathbb{R}), \;\; \forall h \in L^2_{\omega^*}(\mathbb{R}).$$

Pour $M \in \mathcal{M}_\omega$, f et $h \in C_c^\infty(\mathbb{R})$, on a

$$(\mu_M * f) * h = f * (\mu_M * h).$$

Cela entraîne :

$$[Mf, h] = ((\mu_M * f) * h)(0) = (f * (\mu_M * h))(0) = [f, Mh]$$

et $Mf = M^*f$, pour tout $f \in C_c^\infty(\mathbb{R})$. Soit $U \in \mathcal{M}_\omega$. Alors on a

$$[UMf, h] = [Mf, U^*h] = [M^*f, Uh] = [f, MUh], \; \forall f \in C_c^\infty(\mathbb{R}), \; \forall h \in C_c^\infty(\mathbb{R}).$$

Donc $(MU)h = (UM)^*h = (UM)h$, $\forall h \in C_c^\infty(\mathbb{R})$ et $MU = UM$ pour tout M et tout U dans $\mathcal{M}_\omega$. $\square$

Proposition 2.1. *Soient ω un poids sur $\mathbb{R}$ et $M \in \mathcal{M}_\omega$. Alors il existe une suite $(Y_n)_{n\in\mathbb{N}}$ de multiplicateurs à support compact telle que*

$$\lim_{n\to+\infty} \|Y_n f - Mf\|_\omega = 0, \; \forall f \in L^2_\omega(\mathbb{R})$$

et $\|Y_n\| \leq \|M\|$, $\forall n \in \mathbb{N}$.

Preuve. Pour $f \in L^2_\omega(\mathbb{R})$ et $t \in \mathbb{R}$, posons $(V_t f)(x) = f(x)e^{-itx}$, pour tout $x \in \mathbb{R}$. Il résulte du théorème de convergence dominée que $(V_t)_{t\in\mathbb{R}}$ est un groupe fortement continu d'opérateurs sur $L^2_\omega(\mathbb{R})$. On fixe $M \in \mathcal{M}_\omega$. Soit $\mathcal{T}$ l'application définie par la formule :

$$\mathcal{T} : \mathbb{R} \longrightarrow V_{-t} \circ M \circ V_t \in B(L^2_\omega(\mathbb{R}))$$

Alors $\mathcal{T}(t) \in \mathcal{M}_\omega$, pour tout $t \in \mathbb{R}$. En effet,

$$\mathcal{T}(t)(S_a\, f)(x) = M(f(s-a)e^{-its})(x)e^{itx}$$

$$= M(f(s-a)e^{-it(s-a)}e^{-ita})(x)e^{itx} = M(f(s-a)e^{-it(s-a)})(x)e^{it(x-a)}$$

$$= S_a(\mathcal{T}(t)f)(x), \;\; \forall a \in \mathbb{R}, \;\; \forall t \in \mathbb{R}, \;\; \forall x \in \mathbb{R}.$$

De plus, $\|\mathcal{T}(t)\| = \|M\|$, pour tout $t \in \mathbb{R}$ et $\mathcal{T}(0) = M$. L'application $t \longrightarrow M \circ V_t$ est continue pour la topologie forte des opérateurs. D'autre part, V_t est unitaire pour tout t et $\mathcal{T}$ est continue pour la topologie forte des opérateurs. Pour $n \in \mathbb{N}$, soient

$$g_n(\eta) := \left(1 - \left|\frac{\eta}{n}\right|\right)\chi_{[-n,n]}(\eta),\ \forall \eta \in \mathbb{R}$$

et

$$\gamma_n(x) = \frac{1 - cos(nx)}{\pi x^2 n},\ \forall x \in \mathbb{R}.$$

On a $\widehat{\gamma_n}(\eta) = g_n(\eta),\ \ \forall \eta \in \mathbb{R},\ \ \forall n \in \mathbb{N}$. La suite $(\gamma_n)_{n\in\mathbb{N}}$ est une suite régularisante c'est-à-dire γ_n est réelle positive, $\|\gamma_n\|_{L^1} = 1$ pour tout n et

$$\lim_{n\to+\infty} \int_{|x|\geq a} \gamma_n(x)dx = 0,\ \forall a > 0.$$

On pose $Y_n := (\mathcal{T} * \gamma_n)(0)$. Alors pour $f \in L^2_\omega(\mathbb{R})$, on obtient

$$\lim_{n\to+\infty} \|Y_n f - Mf\|_\omega = 0.$$

Pour $n \in \mathbb{N}$ et $f \in L^2_\omega(\mathbb{R})$, on a

$$\|Y_n f\|^2_\omega = \|(\mathcal{T} * \gamma_n(0))f\|^2_\omega$$

$$= \int_{-\infty}^{+\infty} \left|\int_{-\infty}^{+\infty} (\mathcal{T}(y)f)(x)\gamma_n(-y)dy\right|^2 \omega(x)^2 dx$$

$$\leq \int_{-\infty}^{+\infty} \left(\int_{-\infty}^{+\infty} |(\mathcal{T}(y)f)(x)|\gamma_n(-y)dy\right)^2 \omega(x)^2 dx.$$

En appliquant l'inégalité de Jensen à la mesure $\gamma_n(y)dy$ et à la fonction convexe x^2 et en utilisant le théorème de Fubini, on obtient

$$\|Y_n f\|^2_\omega \leq \int_{-\infty}^{+\infty} \int_{-\infty}^{+\infty} |(\mathcal{T}(y)f)(x)|^2 \gamma_n(-y)\omega(x)^2 dxdy$$

$$\leq \int_{-\infty}^{+\infty} \|\mathcal{T}(y)\|^2 \|f\|^2_\omega\, \gamma_n(y)dy \leq \int_{-\infty}^{+\infty} \|M\|^2 \|f\|^2_\omega\, \gamma_n(y)dy$$

$$= \|M\|^2 \|f\|^2_\omega,\ \ \forall n \in \mathbb{N},\ \ \forall f \in L^2_\omega(\mathbb{R}).$$

On conclut que M est la limite pour la topologie forte des opérateurs de la suite $(Y_n)_{n\in\mathbb{N}}$ et que $\|Y_n\| \leq \|M\|, \forall n \in \mathbb{N}$. Nous allons maintenant nous intéresser à la distribution associée à Y_n. Soit $f \in C^\infty_c(\mathbb{R})$ et soit $n \in \mathbb{N}$. En reprenant l'argument de la preuve du Lemme 2.1, on montre que la dérivée de $M(\tilde{f} g_n)$ au sens des distributions est $M\Big((\tilde{f} g_n)'\Big)$. Soit $g \in C^\infty_c(\mathbb{R})$ une fonction égale à 1 au voisinage de 0 et à support dans B. Alors $gM(\tilde{f}g_n) \in H^1(\mathbb{R})$ et on peut définir $(M(\tilde{f}g_n))(0) = (gM(\tilde{f}g_n))(0)$. On pose :

$$\langle \mu_M g_n, f\rangle = (M(\tilde{f}g_n))(0).$$

En appliquant le lemme de Sobolev à $gM(\tilde{f}g_n)$ on obtient

$$|(M(\tilde{f}g_n))(0)| \leq \mathcal{C}_0 \Big(\|M(\tilde{f}g_n)\|_{L^2(B)} + \|\Big(M(\tilde{f}g_n)\Big)'\|_{L^2(B)}\Big),$$

où $\mathcal{C}_0$ est une constante indépendante de f. Par le même raisonnement, que dans la preuve du Lemme 2.2, on montre qu'il existe $\mathcal{C} > 0$ telle que :

$$|(M(\tilde{f}g_n))(0)| \leq \mathcal{C}\Big(\|\tilde{f}g_n\|_\omega + \|(\tilde{f}g_n)'\|_\omega\Big).$$

Pour $f \in C_K^\infty(\mathbb{R})$, on obtient :

$$|(M(\tilde{f}g_n))(0)| \leq \mathcal{C}(K)\Big(\|\tilde{f}\|_\infty + \|\tilde{f}'\|_\infty\Big),$$

où $\mathcal{C}(K)$ ne dépend que du compact $K \subset \mathbb{R}$. On conclut que $\mu_T g_n$ est bien une distribution d'ordre 1. Il est clair que $\mu_M g_n$ est à support compact. Exprimons maintenant Y_n en fonction de $\mu_M g_n$. Nous avons

$$
\begin{aligned}
((\mathcal{T} * \gamma_n)(0)f)(y) &= \int_{-\infty}^{+\infty} (\mathcal{T}(-s)f)(y)\gamma_n(s)ds \\
&= \int_{-\infty}^{+\infty} M(V_{-s}f)(y)e^{-isy}\gamma_n(s)ds \\
&= \int_{-\infty}^{+\infty} \langle \mu_{M,x}, f(y-x)e^{is(y-x)}\rangle e^{-isy}\gamma_n(s)ds \\
&= \int_{-\infty}^{+\infty} \langle \mu_{M,x}\,, f(y-x)e^{-isx}\rangle \gamma_n(s)ds \\
&= \langle \mu_{M,x}\,, f(y-x)\int_{-\infty}^{+\infty} \gamma_n(s)e^{-isx}dx\rangle \\
&= \langle \mu_{M,x}\,, f(y-x)g_n(x)\rangle = \langle (\mu_M g_n)_x, f(y-x)\rangle, \ \ \forall f \in C_c^\infty(\mathbb{R}).
\end{aligned}
$$

On conclut que

$$Y_n f = \mu_M g_n * f, \ \forall n \in \mathbb{N}, \ \forall f \in C_c^\infty(\mathbb{R}). \quad \square$$

Pour $\phi \in C_c^\infty(\mathbb{R})$, on définit $M_\phi : f \longrightarrow \phi * f$, qui est le multiplicateur sur $L^2_\omega(\mathbb{R})$ associé à ϕ. On note $C_K^\infty(\mathbb{R})$ l'espace des fonctions de classe C^∞ sur $\mathbb{R}$ à support dans le compact K. On remarque que pour $\phi \in C_K^\infty(\mathbb{R})$, $g \in L^2_\omega(\mathbb{R})$, la fonction

$$\mathbb{R} \ni x \longrightarrow \phi(x)S_x g \in L^2_\omega(\mathbb{R})$$

est uniformément continue sur $\mathbb{R}$ et

$$\int_K \|\phi(x)S_x g\|dx \leq \|\phi\|_\infty \|g\| \sup_{x\in K} \|S_x\| m(K) < +\infty.$$

On conclut que $\int_K \phi(x)S_x g dx$ est une intégrale de Bochner convergente pour la topologie forte des opérateurs (cf. [**16**], Chapitre 3). Nous avons, la formule suivante

$$M_\phi = \int_{\mathbb{R}} \phi(x)S_x dx. \tag{2.15}$$

En effet, soit K un sous-espace compact de $\mathbb{R}$. On a $M_\phi(C_K^\infty(\mathbb{R})) \subset C_{K+supp(\phi)}^\infty(\mathbb{R})$ et la restriction de $\int_G \phi(x)S_x dx$ à $C_K^\infty(\mathbb{R})$ peut être considérée comme une intégrale de Bochner sur $C_K^\infty(\mathbb{R})$ à valeurs dans $C_{K+supp(\phi)}^\infty(\mathbb{R})$. Comme les intégrales de Bochner commutent avec les formes linéaires continues, on obtient, pour $g \in C_c^\infty(\mathbb{R})$,

$$M_\phi g(x) = (\phi * g)(x) = \int_{\mathbb{R}} \phi(y)g(x-y)dy = \int_{supp(\phi)} \phi(y)(S_y g)(x)dy$$

$$= \Big(\int_{supp(\phi)} \phi(y)S_y g\Big)(x), \ \forall x \in \mathbb{R}$$

et la densité de $C_c^\infty(\mathbb{R})$ dans $L_\omega^2(\mathbb{R})$ entraîne la formule (4.6). On remarque que pour $\phi \in L_{\tilde{\omega}}^1(\mathbb{R})$ l'opérateur de convolution avec ϕ est aussi un multiplicateur sur $L_\omega^2(\mathbb{R})$.

PROPOSITION 2.2. *Soit ω un poids sur $\mathbb{R}$. Soit $M \in \mathcal{M}_\omega$. Alors il existe une suite $(\psi_n)_{n\in\mathbb{N}} \subset C_c^\infty(\mathbb{R})$ telle que*

$$\lim_{n\to+\infty} M_{\psi_n} = M$$

au sens de la topologie forte des opérateurs, et telle que pour tout $n \in \mathbb{N}$, on a

$$\|M_{\psi_n}\| \leq k_n \|M\|,$$

où $k_n = \sup_{|y|\leq \frac{1}{n}} \|S_y\|$.

Preuve. Pour démontrer la proposition, il suffit de montrer que tout multiplicateur à support compact est la limite au sens de la topologie forte des opérateurs d'une suite $(M_{\psi_n})_{n\in\mathbb{N}} \subset \mathcal{M}_\omega$, où $\psi_n \in C_c^\infty(\mathbb{R})$, pour tout $n \in \mathbb{N}$. Soit $M \in \mathcal{M}_\omega$ à support compact et soit $(\theta_n)_{n\in\mathbb{N}}$ une suite régularisante telle que pour tout $n \geq 1$ la fonction θ_n est réelle, positive, paire et à support dans $[-\frac{1}{n}, \frac{1}{n}]$. Alors, pour $f \in L_\omega^2(\mathbb{R})$ on a

$$\lim_{n\to+\infty} \|\theta_n * f - f\|_\omega = 0.$$

Pour $n \in \mathbb{N}$, posons $M_n f = M(\theta_n * f)$, pour tout $f \in L_\omega^2(\mathbb{R})$. La suite $(M_n)_{n\in\mathbb{N}}$ converge vers M pour la topologie forte des opérateurs et $M_n = M_{\psi_n}$, où

$$\psi_n = \mu_M * \theta_n \in C_c^\infty(\mathbb{R}).$$

On a $M_n f = \theta_n * Mf$, car $\mathcal{M}_\omega$ est une algèbre commutative et

$$\|M_n f\|_\omega^2 = \int_{-\infty}^{+\infty} \left| \int_{-\infty}^{+\infty} (Mf)(x-y)\theta_n(y)dy \right|^2 \omega(x)^2 dx$$

$$\leq \int_{-\infty}^{+\infty} \left(\int_{-\infty}^{+\infty} |(Mf)(x-y)|\theta_n(y)dy \right)^2 \omega(x)^2 dx$$

$$\leq \int_{-\infty}^{+\infty} \int_{-\infty}^{+\infty} |(Mf)(x-y)|^2 \theta_n(y)\omega(x)^2 dydx, \ \forall n \in \mathbb{N}, \ \forall f \in L_\omega^2(\mathbb{R}),$$

d'après l'inégalité de Jensen appliquée à la mesure de probabilité $\theta_n(y)dy$ et la fonction convexe x^2. En utilisant le théorème de Fubini, on trouve :

$$\|M_n f\|_\omega^2 \leq \int_{-\infty}^{+\infty} \|S_y\|^2 \, \|Mf\|_\omega^2 \, \theta_n(y)dy$$

$$\leq \left(\sup_{|y| \leq \frac{1}{n}} \|S_y\| \right)^2 \|Mf\|_\omega^2, \ \forall n \in \mathbb{N}, \ \forall f \in L_\omega^2(\mathbb{R}).$$

Par conséquent, on obtient

$$\|M_n\| \leq k_n \|M\|, \text{ pour tout } n \in \mathbb{N}. \quad \square$$

2.4. Symbole d'un multiplicateur M_ϕ. Dans cette section nous démontrons que pour ω un poids sur $\mathbb{R}$ continu :

$$|\widehat{\phi}(\alpha)| \leq \|M_\phi\|, \ \forall \phi \in C_c^\infty(\mathbb{R}), \ \forall \alpha \in A_\omega. \tag{2.16}$$

Pour ω continu, posons

$$R_{\omega,1}^+ = \lim_{x \to +\infty} \left(\sup_{y \geq 0} \frac{\omega(x+y)}{\omega(y)} \right)^{\frac{1}{x}}, \ R_{\omega,1}^- = \lim_{x \to +\infty} \left(\sup_{y \geq 0} \frac{\omega(y)}{\omega(x+y)} \right)^{-\frac{1}{x}},$$

$$R_{\omega,2}^+ = \lim_{x \to +\infty} \left(\sup_{y \leq 0} \frac{\omega(y)}{\omega(-x+y)} \right)^{\frac{1}{x}}, \ R_{\omega,2}^- = \lim_{x \to +\infty} \left(\sup_{y \leq 0} \frac{\omega(-x+y)}{\omega(y)} \right)^{-\frac{1}{x}}.$$

On remarque que $R_{\omega,1}^+ \geq R_{\omega,1}^-$ et $R_{\omega,2}^+ \geq R_{\omega,2}^-$ et nous définissons

$$I_{\omega,1} := [\ln R_{\omega,1}^-, \ln R_{\omega,1}^+], \ A_{\omega,1} := \{z \in \mathbb{C} \mid \operatorname{Im} z \in I_{\omega,1}\},$$

$$I_{\omega,2} := [\ln R_{\omega,2}^-, \ln R_{\omega,2}^+], \ A_{\omega,2} := \{z \in \mathbb{C} \mid \operatorname{Im} z \in I_{\omega,2}\}.$$

Pour établir (2.16), nous avons besoin de plusieurs lemmes.

LEMME 2.3. *Soit δ un poids sur $\mathbb{N}$, tel que :*

$$\lim_{p\to+\infty}\Big(\sup_{n\geq 0}\frac{\delta(n)}{\delta(n+p)}\Big)^{\frac{1}{p}} \geq 1.$$

Alors :

$$\inf \lim_{n\to+\infty}\frac{\delta(n+1)^2}{\delta(0)^2+...+\delta(n)^2}=0.$$

Pour la preuve du Lemme 2.3 on peut se rapporter au début de la démonstration du Lemme 3.1. de [**10**].

REMARQUE 2.1. *Soit ω un poids continu sur $\mathbb{R}$. Alors on a les égalités :*

$$R^+_{\omega,1}=\lim_{p\to+\infty}\Big(\sup_{n\in\mathbb{N}}\frac{\omega(n+p)}{\omega(n)}\Big)^{\frac{1}{p}},\quad R^-_{\omega,1}=\lim_{p\to+\infty}\Big(\sup_{n\in\mathbb{N}}\frac{\omega(n)}{\omega(n+p)}\Big)^{-\frac{1}{p}}, \tag{2.17}$$

$$R^+_{\omega,2}=\lim_{p\to+\infty}\Big(\sup_{n\in\mathbb{N}}\frac{\omega(-n)}{\omega(-p-n)}\Big)^{\frac{1}{p}},\quad R^-_{\omega,2}=\lim_{p\to+\infty}\Big(\sup_{n\in\mathbb{N}}\frac{\omega(-p-n)}{\omega(-n)}\Big)^{-\frac{1}{p}}, \tag{2.18}$$

$$R^+_{\omega}=\lim_{p\to+\infty}\Big(\sup_{n\in\mathbb{Z}}\frac{\omega(n+p)}{\omega(n)}\Big)^{\frac{1}{p}},\quad R^-_{\omega}=\lim_{p\to+\infty}\Big(\sup_{n\in\mathbb{Z}}\frac{\omega(n)}{\omega(n+p)}\Big)^{-\frac{1}{p}}. \tag{2.19}$$

En effet, pour $x\in\mathbb{R}$ on a $x=n+t$, où $n\in\mathbb{Z}$ et $t\in[0,\ 1]$ et

$$\frac{\omega(n)}{\sup_{t\in[0,\ 1]}\tilde{\omega}(t)}\leq\omega(x)\leq\sup_{t\in[0,\ 1]}\tilde{\omega}(t)\omega(n),$$

ce qui entraîne les égalités voulues.

LEMME 2.4. *Soit ω un poids continu sur $\mathbb{R}$ et soit*

$$B^-_{\omega,1}:=\Big\{z\in\mathbb{C}\mid \ln R^-_{\omega,1}\leq \operatorname{Im} z \ \ et \lim_{n\to+\infty}\sum_{k=0}^{n}e^{-2k\operatorname{Im} z}\omega(k)^2=+\infty\Big\}.$$

Alors pour tout $\alpha\in B^-_{\omega,1}$, il existe une suite $(f_{\alpha,k})_{k\in\mathbb{N}}\subset L^2_\omega(\mathbb{R})$, vérifiant les deux conditions suivantes :

$$i)\ \|f_{\alpha,k}\|_\omega=1,\ \ \forall k\in\mathbb{N}. \tag{2.20}$$

$$ii)\ \lim_{k\to+\infty}\|Sf_{\alpha,k}-e^{-i\alpha}f_{\alpha,k}\|_\omega=0. \tag{2.21}$$

Preuve. On fixe $\alpha \in B^-_{\omega,1}$ et $\epsilon \in]0, \frac{1}{2}[$. On pose $\lambda = e^{-i\alpha}$, $f_\epsilon = \chi_{[-\epsilon,\epsilon]}$ et

$$g_n = \sum_{p=0}^{n} \lambda^{-p-1} S_p\, f_\epsilon.$$

On a :

$$\|g_n\|_\omega^2 = \int_{\mathbb{R}} \Big|\sum_{p=0}^{n} \lambda^{-p-1} f_\epsilon(x-p)\Big|^2 \omega(x)^2 dx = \sum_{p=0}^{n} |\lambda|^{-2p-2} \int_{-\epsilon+p}^{\epsilon+p} f_\epsilon(x-p)^2 \omega(x)^2 dx$$

$$= \sum_{p=0}^{n} |\lambda|^{-2p-2} \int_{-\epsilon}^{\epsilon} f_\epsilon(x)^2 \omega(x+p)^2 dx = \sum_{p=0}^{n} |\lambda|^{-2p-2} \int_{-\epsilon}^{\epsilon} \omega(x+p)^2 dx.$$

Maintenant, on va montrer que

$$\liminf_{n\to+\infty} \frac{\|Sg_n - \lambda g_n\|_\omega^2}{\|g_n\|_\omega^2} = 0.$$

On a :

$$\| Sg_n - \lambda g_n \|_\omega^2 = \| \sum_{p=0}^{n} \lambda^{-p-1} S_{p+1} f_\epsilon - \sum_{p=0}^{n} \lambda^{-p} S_p f_\epsilon \|_\omega^2$$

$$= \| \sum_{p=1}^{n+1} \lambda^{-p} S_p f_\epsilon - \sum_{p=0}^{n} \lambda^{-p} S_p f_\epsilon \|_\omega^2 = \| \lambda^{-n-1} S_{n+1} f_\epsilon - f_\epsilon \|_\omega^2$$

$$= |\lambda|^{-2n-2} \int_{-\epsilon}^{\epsilon} \omega(x+n+1)^2 dx + \int_{-\epsilon}^{\epsilon} \omega(x)^2 dx$$

et cela implique

$$\frac{\| Sg_n - \lambda g_n \|_\omega^2}{\| g_n \|_\omega^2} = \frac{|\lambda|^{-2n-2} \int_{-\epsilon}^{\epsilon} \omega(x+n+1)^2 dx + \int_{-\epsilon}^{\epsilon} \omega(x)^2 dx}{\sum_{p=0}^{n} |\lambda|^{-2p-2} \int_{-\epsilon}^{\epsilon} \omega(x+p)^2 dx}.$$

On définit le poids σ par la formule

$$\sigma(p) = \Big(\int_{-\epsilon}^{\epsilon} \omega(x+p)^2 dx\Big)^{\frac{1}{2}}, \ \forall p \in \mathbb{Z}.$$

Alors on a :

$$\frac{\| Sg_n - \lambda g_n \|_\omega^2}{\| g_n \|_\omega^2} = \frac{|\lambda|^{-2n-2}\sigma(n+1)^2 + \sigma(0)^2}{\sum_{p=0}^{n} |\lambda|^{-2p-2}\sigma(p)^2}.$$

On remarque que $\omega(p) \leq \tilde{\omega}(-x)\omega(x+p), \ \forall p \in \mathbb{Z}, \ \forall x \in [-\epsilon, \epsilon]$. Cela implique

$$\omega(p+x) \geq \frac{\omega(p)}{\sup_{s\in[-\epsilon,\epsilon]} \tilde{\omega}(s)}, \ \forall p \in \mathbb{Z}, \ \forall x \in [-\epsilon, \epsilon]$$

et il existe $C > 0$ telle que

$$\omega(p+x) \geq C\omega(p), \ \forall p \in \mathbb{Z}, \ \forall x \in [-\epsilon, \epsilon]$$

et donc

$$\sigma(p) = \Big(\int_{-\epsilon}^{\epsilon} \omega(x+p)^2 dx\Big)^{\frac{1}{2}} \geq \Big(\int_{-\epsilon}^{\epsilon} C^2\omega(p)^2 dx\Big)^{\frac{1}{2}} = K\omega(p), \ \forall p \in \mathbb{Z},$$

où K est une constante réelle positive.

De même, $\omega(p+x) \leq \tilde{\omega}(x)\omega(p), \ \forall x \in [-\epsilon, \epsilon]$ et il existe $C' > 0$ telle que :

$$\omega(p+x) \leq C'\omega(p), \ \forall p \in \mathbb{Z}$$

et donc

$$\sigma(p) \leq \Big(\int_{-\epsilon}^{\epsilon} C'^2\omega(p)^2 dx\Big)^{\frac{1}{2}} = K'\omega(p), \ \forall p \in \mathbb{Z},$$

où K' est une constante réelle positive.

L'inégalité $K\omega(p) \leq \sigma(p) \leq K'\omega(p)$ entraîne :

$$\frac{\sigma(n)}{\sigma(n+p)} \geq \frac{K\omega(n)}{K'\omega(n+p)}, \ \forall n \in \mathbb{Z}, \ \forall p \in \mathbb{Z}.$$

Nous avons

$$\sup_{n\in\mathbb{N}} \frac{\sigma(n)}{\sigma(n+p)} \geq M \sup_{n\in\mathbb{N}} \frac{\omega(n)}{\omega(n+p)}, \ \forall p \in \mathbb{Z},$$

où M est une constante réelle positive. Ainsi,

$$\lim_{p\to+\infty} \Big(|\lambda|^p \sup_{n\in\mathbb{N}} \frac{\sigma(n)}{\sigma(n+p)}\Big)^{\frac{1}{p}} \geq |\lambda| \lim_{p\to+\infty} M^{\frac{1}{p}} \Big(\sup_{n\in\mathbb{N}} \frac{\omega(n)}{\omega(n+p)}\Big)^{\frac{1}{p}} \geq \frac{|\lambda|}{R_{\omega,1}^{-}} \geq 1,$$

d'après (2.17). On peut appliquer le Lemme 2.3 au poids $|\lambda|^{-p}\sigma(p)$ et on obtient :

$$\liminf_{n\to+\infty} \frac{|\lambda|^{-2(n+1)}\sigma(n+1)^2}{\sum_{p=0}^{n} |\lambda|^{-2p}\sigma(p)^2} = 0.$$

Comme $\lim_{n\to+\infty} \sum_{p=0}^{n} |\lambda|^{-2p}\omega(p)^2 = +\infty$ et comme les poids ω et σ sont équivalents, on a

$$\lim_{n\to+\infty} \sum_{p=0}^{n} |\lambda|^{-2p}\sigma(p)^2 = +\infty$$

et

$$\lim_{n\to+\infty} \frac{\sigma(0)}{\sum_{p=0}^{n} |\lambda|^{-2p}\sigma(p)^2} = 0.$$

Finalement, on conclut que :

$$\liminf_{n\to+\infty} \frac{\| Sg_n - \lambda g_n \|_{\omega}^2}{\| g_n \|_{\omega}^2} = 0.$$

Il existe donc une sous-suite de $(\frac{g_n}{\|g_n\|_\omega})_{n\in\mathbb{N}}$, qu'on va noter $(f_{\alpha,k})_{k\in\mathbb{N}}$, vérifiant les deux conditions :

$$\lim_{k\to+\infty} \| Sf_{\alpha,k} - e^{-i\alpha} f_{\alpha,k} \|_\omega = 0,$$
$$\| f_{\alpha,k} \|_\omega = 1, \ \forall k \in \mathbb{N}. \qquad \square$$

LEMME 2.5. *Soit* ω *un poids continu sur* $\mathbb{R}$ *et soit* $p \in \mathbb{N}^*$. *Alors pour tout* $\alpha \in B^-_{\omega,1}$, *il existe une suite* $(h_{\alpha,k,p})_{k\in\mathbb{N}} \subset L^2_\omega(\mathbb{R})$ *telle que :*

$$i) \ \| h_{\alpha,k,p} \|_\omega = 1, \ \forall k \in \mathbb{N}. \tag{2.22}$$

$$ii) \lim_{k\to+\infty} \|S_{\frac{1}{p}} h_{\alpha,k,p} - e^{-i\frac{\alpha}{p}} h_{\alpha,k,p}\|_\omega = 0. \tag{2.23}$$

Preuve. On fixe $\alpha \in B^-_{\omega,1}$. Soit ρ le poids $\rho(x) = \frac{1}{\sqrt{p}}\,\omega(\frac{x}{p})$, $\forall x \in \mathbb{R}$. On définit l'application $V_p : L^2_\omega(\mathbb{R}) \longrightarrow L^2_\rho(\mathbb{R})$ par la formule : $(V_p f)(x) = f(\frac{x}{p})$, pour $f \in L^2_\omega(\mathbb{R})$ et $x \in \mathbb{R}$. On a :

$$\int_{\mathbb{R}} |f(x)|^2 \omega(x)^2 dx = \int_{\mathbb{R}} \frac{1}{p}\Big|f\Big(\frac{y}{p}\Big)\Big|^2 \omega\Big(\frac{y}{p}\Big)^2 dy = \int_{\mathbb{R}} |(V_p f)(y)|^2 \rho(y)^2 dy$$

et on en déduit que V_p est une isométrie surjective de $L^2_\omega(\mathbb{R})$ sur $L^2_\rho(\mathbb{R})$. On remarque que

$$S_{1,\rho}\, V_p = V_p\, S_{\frac{1}{p},\omega}$$

et

$$V_p^*\, S_{1,\rho} = S_{\frac{1}{p},\omega}\, V_p^*.$$

On a :

$$\Big(\sup_{x\geq 0} \frac{\rho(x)}{\rho(x+y)}\Big)^{\frac{1}{y}} = \Big(\sup_{x\geq 0} \frac{\omega(\frac{x}{p})}{\omega(\frac{x+y}{p})}\Big)^{\frac{p}{y}\times\frac{1}{p}}, \ \forall y \in \mathbb{R}.$$

et donc

$$R^-_{\rho,1} = (R^-_{\omega,1})^{\frac{1}{p}}.$$

Ainsi, si $\alpha \in B^-_{\omega,1}$, on a $\frac{\alpha}{p} \in B^-_{\rho,1}$. Soit $(f_{\alpha,k})_{k\in\mathbb{N}} \subset L^2_\rho(\mathbb{R})$ une suite vérifiant les propriétés (2.20) et (2.21) pour $\frac{\alpha}{p}$ et le poids ρ. Alors

$$\lim_{k\to+\infty} \|V_p^* S_{1,\rho} f_{\alpha,k} - e^{-i\frac{\alpha}{p}}\, V_p^* f_{\alpha,k}\|_\omega = 0$$

et

$$\lim_{k\to+\infty} \|S_{\frac{1}{p},\omega}\, V_p^* f_{\alpha,k} - e^{-i\frac{\alpha}{p}}\, V_p^* f_{\alpha,k}\|_\omega = 0.$$

On pose : $h_{\alpha,k,p} = V_p^* f_{\alpha,k}$ et on obtient $\|h_{\alpha,k,p}\|_\omega = 1, \ \forall k \in \mathbb{N}$ et

$$\lim_{k\to+\infty} \|S_{\frac{1}{p},\omega}\, h_{\alpha,k,p} - e^{-i\frac{\alpha}{p}}\, h_{\alpha,k,p}\|_\omega = 0. \qquad \square$$

LEMME 2.6. *Soit ω un poids continu sur $\mathbb{R}$. Pour tout $\alpha \in B^-_{\omega,1}$, il existe une suite $(u_{\alpha,k})_{k\in\mathbb{N}} \subset L^2_\omega(\mathbb{R})$ telle que :*

$$i)\ \| u_{\alpha,k} \|_\omega = 1,\ \forall k \in \mathbb{N}. \tag{2.24}$$

$$ii)\ \lim_{k\to+\infty} \|S_t\, u_{\alpha,k} - e^{-it\alpha} u_{\alpha,k}\|_\omega = 0,\ \forall t \in \mathbb{R}. \tag{2.25}$$

Preuve. Soit α dans $B^-_{\omega,1}$ et soit $p \in \mathbb{N}^*$ fixé. Soit $(h_{\alpha,k,p!})_{k\in\mathbb{N}} \subset L^2_\omega(\mathbb{R})$ une suite vérifiant les propriétés (2.22) et (2.23) pour $p!$. Pour tout $q \in \mathbb{N}^*$ tel que $q \leq p$ on a :

$$\begin{aligned} \| S_{\frac{1}{q}}\, h_{\alpha,k,p!} - e^{-i\frac{\alpha}{q}}\, h_{\alpha,k,p!} \|_\omega &= \| (S_{\frac{1}{p!}})^{\frac{p!}{q}}\, h_{\alpha,k,p!} - (e^{-i\frac{\alpha}{p!}})^{\frac{p!}{q}}\, h_{\alpha,k,p!} \|_\omega \\ &\leq \prod_{u\in\mathbb{C},\, u^{\frac{p!}{q}}=1,\, u\neq 1} \| S_{\frac{1}{p!}} - ue^{-i\frac{\alpha}{p!}} \|\ \| S_{\frac{1}{p!}}\, h_{\alpha,k,p!} - e^{-i\frac{\alpha}{p!}}\, h_{\alpha,k,p!} \|_\omega . \end{aligned}$$

Le produit

$$\prod_{u\in\mathbb{C},\, u^{\frac{p!}{q}}=1,\, u\neq 1} \| S_{\frac{1}{p!}} - ue^{-i\frac{\alpha}{p!}} \|$$

est majoré par une constante qui ne dépend pas de k et donc :

$$\lim_{k\to+\infty} \| S_{\frac{1}{q}}\, h_{\alpha,k,p!} - e^{-i\frac{\alpha}{q}}\, h_{\alpha,k,p!} \|_\omega = 0.$$

Par extraction diagonale, on peut alors construire une suite $(u_{\alpha,k})_{k\in\mathbb{N}}$ telle que :

$$\lim_{k\to+\infty} \| S_{\frac{1}{p!}}\, u_{\alpha,k} - e^{-i\frac{\alpha}{p!}}\, u_{\alpha,k} \|_\omega = 0,\ \forall p \in \mathbb{N}^*$$

et

$$\| u_{\alpha,k} \|_\omega = 1,\ \forall k \in \mathbb{N}$$

et on a

$$\lim_{k\to+\infty} \| S_{\frac{1}{p}}\, u_{\alpha,k} - e^{-i\frac{\alpha}{p}}\, u_{\alpha,k} \|_\omega = 0,\ \forall p \in \mathbb{N}^*.$$

Pour tout $p \in \mathbb{N}^*$ et tout $q \in \mathbb{N}$, on a

$$S_{\frac{q}{p}}\, u_{\alpha,k} - e^{-i\frac{\alpha q}{p}}\, u_{\alpha,k} = C_{\alpha,q,p}\ (S_{\frac{1}{p}} - e^{-i\frac{\alpha}{p}} I)\, u_{\alpha,k},$$

où $C_{\alpha,q,p}$ est une combinaison linéaire finie de translations. Donc

$$\|S_{\frac{q}{p}}\, u_{\alpha,k} - e^{-i\frac{\alpha q}{p}}\, u_{\alpha,k}\|_\omega \leq \|C_{\alpha,q,p}\|\ \|S_{\frac{1}{p}}\, u_{\alpha,k} - e^{-i\frac{\alpha}{p}}\, u_{\alpha,k}\|_\omega,\ \forall k \in \mathbb{N}.$$

et

$$\lim_{k\to+\infty} \|S_{\frac{q}{p}}\, u_{\alpha,k} - e^{-i\frac{\alpha q}{p}} u_{\alpha,k}\|_\omega = 0.$$

D'autre part, on a :

$$\|S_{-\frac{q}{p}}\, u_{\alpha,k} - e^{i\frac{\alpha q}{p}}\, u_{\alpha,k}\|_\omega \leq |e^{i\frac{\alpha q}{p}}|\ \|S_{-\frac{q}{p}}\|\ \|e^{-i\frac{\alpha q}{p}} u_{\alpha,k} - S_{\frac{q}{p}}\, u_{\alpha,k}\|_\omega,\ \forall k \in \mathbb{N}.$$

et

$$\lim_{k\to+\infty} \|S_{-\frac{q}{p}}\, u_{\alpha,k} - e^{i\frac{\alpha q}{p}}\, u_{\alpha,k}\|_\omega = 0.$$

Comme $\mathbb{Q}$ est dense dans $\mathbb{R}$, on en déduit que :

$$\lim_{k\to+\infty} \|S_t\, u_{\alpha,k} - e^{-i\alpha t}\, u_{\alpha,k}\|_\omega = 0, \ \forall t \in \mathbb{R}. \ \square$$

LEMME 2.7. *Soit ω un poids continu sur $\mathbb{R}$ et soit*

$$B^+_{\omega,1} := \Big\{ z \in \mathbb{C} \mid \operatorname{Im} z \leq \ln R^+_{\omega,1} \text{ et } \lim_{n\to+\infty} \sum_{k=0}^{n} \frac{e^{2k \operatorname{Im} z}}{\omega(k)^2} = +\infty \Big\}.$$

Alors pour tout $\alpha \in B^+_{\omega,1}$, il existe une suite $(v_{\alpha,k})_{k\in\mathbb{N}} \subset L^2_{\omega^*}(\mathbb{R})$, vérifiant les deux conditions suivantes :

(2.26) $$i) \ \|v_{\alpha,k}\|_{\omega^*} = 1, \ \forall k \in \mathbb{N}.$$

(2.27) $$ii) \ \lim_{k\to+\infty} \|S_{t,\omega^*}\, v_{\alpha,k} - e^{-it\alpha} v_{\alpha,k}\|_{\omega^*} = 0, \ \forall t \in \mathbb{R}.$$

Preuve. On fixe $\alpha \in B^+_{\omega,1}$. Alors $\overline{\alpha} \in B^-_{\frac{1}{\omega},1}$ et d'après le Lemme 2.6, il existe une suite $(f_{\overline{\alpha},k})_{k\in\mathbb{N}} \subset L^2_{\frac{1}{\omega}}(\mathbb{R})$ telle que

$$\|f_{\overline{\alpha},k}\|_{\frac{1}{\omega}} = 1, \ \forall k \in \mathbb{N}$$

et

$$\lim_{k\to+\infty} \|S_{t,\frac{1}{\omega}}\, f_{\overline{\alpha},k} - e^{-it\overline{\alpha}} f_{\overline{\alpha},k}\|_{\frac{1}{\omega}} = 0, \ \forall t \in \mathbb{R}.$$

On a :

$$\begin{aligned} &\|S_{t,\frac{1}{\omega}}\, f_{\overline{\alpha},k} - e^{-it\overline{\alpha}} f_{\overline{\alpha},k}\|^2_{\frac{1}{\omega}} \\ &= \int_{-\infty}^{+\infty} \left| f_{\overline{\alpha},k}(x-t) - e^{-it\overline{\alpha}} f_{\overline{\alpha},k}(x)\right|^2 \frac{1}{\omega(x)^2} dx \\ &= \int_{-\infty}^{+\infty} \left| \overline{f_{\overline{\alpha},k}}(x-t) - e^{it\alpha}\, \overline{f_{\overline{\alpha},k}}(x)\right|^2 \frac{1}{\omega(x)^2} dx. \end{aligned}$$

On pose $v_{\alpha,k}(x) = \overline{f_{\overline{\alpha},k}}(-x), \ \forall x \in \mathbb{R}$ et on a $\|v_{\alpha,k}\|_{\omega^*} = 1, \ \forall k \in \mathbb{N}$. On obtient

$$\begin{aligned} \|S_{t,\frac{1}{\omega}}\, f_{\overline{\alpha},k} - e^{-it\overline{\alpha}} f_{\overline{\alpha},k}\|^2_{\frac{1}{\omega}} &= \int_{-\infty}^{+\infty} \left| v_{\alpha,k}(x+t) - e^{it\alpha} v_{\alpha,k}(x)\right|^2 \omega^*(x)^2 dx \\ &= \|S_{-t,\omega^*}\, v_{\alpha,k} - e^{it\alpha}\, v_{\alpha,k}\|^2_{\omega^*}. \end{aligned}$$

On a donc

$$\lim_{k\to+\infty} \|S_{t,\omega^*}\, v_{\alpha,k} - e^{-it\alpha}\, v_{\alpha,k}\|_{\omega^*} = 0, \ \forall t \in \mathbb{R}. \ \square$$

On remarque que si $\overline{\omega}$ est le poids défini par la formule

$$\overline{\omega}(x) = \omega(-x), \ \ \forall x \in \mathbb{R}.$$

Alors

$$R^+_{\omega,2} = \frac{1}{R^-_{\overline{\omega},1}}, \ \ R^-_{\omega,2} = \frac{1}{R^+_{\overline{\omega},1}}.$$

LEMME 2.8. *Soit ω un poids continu sur $\mathbb{R}$ et soit*

$$B^+_{\omega,2} = \Big\{ z \in \mathbb{C} \mid \operatorname{Im} z \leq \ln R^+_{\omega,2} \ \ et \ \ \sum_{k=0}^{n} e^{2k \operatorname{Im} z} \omega(-k)^2 = +\infty \Big\}.$$

Alors pour tout $\alpha \in B^+_{\omega,2}$, il existe une suite $(y_{\alpha,k})_{k\in\mathbb{N}} \subset L^2_\omega(\mathbb{R})$, vérifiant les deux conditions suivantes :

$$\text{(2.28)} \qquad i) \ \ \|y_{\alpha,k}\|_\omega = 1, \ \ \forall k \in \mathbb{N}.$$

$$\text{(2.29)} \qquad ii) \ \ \lim_{k\to+\infty} \|S_t\, y_{\alpha,k} - e^{-it\alpha} y_{\alpha,k}\|_\omega = 0, \ \forall t \in \mathbb{R}.$$

Preuve. Soit $\alpha \in B^+_{\omega,2}$. On a

$$\operatorname{Im}(-\alpha) \geq \ln \frac{1}{R^+_{\omega,2}} = \ln R^-_{\overline{\omega},1}$$

et $-\alpha \in B^-_{\overline{\omega},1}$. D'après le Lemme 2.6 appliqué au poids $\overline{\omega}$, il existe une suite $(u_{-\alpha,k})_{k\in\mathbb{N}} \subset L^2_{\overline{\omega}}(\mathbb{R})$ vérifiant les propriétés :

$$\| \ u_{-\alpha,k} \ \|_{\overline{\omega}} = \ 1, \ \ \forall k \in \mathbb{N}$$

et

$$\lim_{k\to+\infty} \|S_{t,\overline{\omega}}\, u_{-\alpha,k} - e^{it\alpha}\, u_{-\alpha,k}\|_{\overline{\omega}} = 0, \ \ \forall t \in \mathbb{R}.$$

On a

$$\|S_{t,\overline{\omega}}\, u_{-\alpha,k} - e^{it\alpha}\, u_{-\alpha,k}\|^2_{\overline{\omega}} = \int_{\mathbb{R}} \Big| u_{-\alpha,k}(x-t) - e^{it\alpha} u_{-\alpha,k}(x) \Big|^2 \omega(-x)^2 dx$$

$$= \int_{\mathbb{R}} \Big| u_{-\alpha,k}(-x-t) - e^{it\alpha} u_{-\alpha,k}(-x) \Big|^2 \omega(x)^2 dx = \|S_{-t,\omega}\, y_{\alpha,k} - e^{it\alpha}\, y_{\alpha,k}\|^2_\omega,$$

où $y_{\alpha,k}(x) = u_{-\alpha,k}(-x)$, pour tout $x \in \mathbb{R}$, pour tout $n \in \mathbb{N}$. On en déduit que

$$\lim_{k\to+\infty} \|S_{-t,\omega}\, y_{\alpha,k} - e^{it\alpha}\, y_{\alpha,k}\|_\omega = 0, \ \ \forall t \in \mathbb{R}.$$

On obtient

$$\lim_{k\to+\infty} \|S_{t,\omega}\, y_{\alpha,k} - e^{-it\alpha} y_{\alpha,k}\|_\omega = 0, \ \forall t \in \mathbb{R}. \qquad \square$$

Lemme 2.9. *Soit ω un poids continu sur $\mathbb{R}$ et soit*

$$B^-_{\omega,2} = \Big\{z \in \mathbb{C} \mid \operatorname{Im} z \geq \ln R^-_{\omega,2} \ \textit{et} \ \sum_{k=0}^{n} \frac{e^{-2k \operatorname{Im} z}}{\omega(-k)^2} = +\infty\Big\}.$$

Alors pour tout $\alpha \in B^-_{\omega,2}$, il existe une suite $(z_{\alpha,k})_{k\in\mathbb{N}} \subset L^2_{\omega^*}(\mathbb{R})$ vérifiant les deux conditions suivantes :

$$\text{(2.30)} \qquad i)\ \|z_{\alpha,k}\|_{\omega^*} = 1,\ \forall k \in \mathbb{N}.$$

$$\text{(2.31)} \qquad ii)\ \lim_{k\to+\infty} \|S_{t,\omega^*}\, z_{\alpha,k} - e^{-it\alpha} z_{\alpha,k}\|_{\omega^*} = 0,\ \forall t \in \mathbb{R}.$$

Preuve. Soit $\alpha \in B^-_{\omega,2}$. On a

$$\operatorname{Im}(-\alpha) \leq \ln \frac{1}{R^-_{\omega,2}} = \ln R^+_{\overline{\omega},1}$$

et $-\alpha \in B^+_{\overline{\omega},1}$. D'après le Lemme 2.7 appliqué au poids $\overline{\omega}$, il existe une suite $(v_{-\alpha,k})_{k\in\mathbb{N}} \subset L^2_{\frac{1}{\omega}}(\mathbb{R})$ vérifiant les propriétés :

$$\|\ v_{-\alpha,k}\ \|_{\frac{1}{\omega}} = 1,\ \forall k \in \mathbb{N}$$

et

$$\lim_{k\to+\infty} \|S_{t,\frac{1}{\omega}}\, v_{-\alpha,k} - e^{it\alpha}\, v_{-\alpha,k}\|_{\frac{1}{\omega}} = 0\ \forall t \in \mathbb{R}.$$

On a

$$\|S_{t,\frac{1}{\omega}}\, v_{-\alpha,k} - e^{it\alpha}\, v_{-\alpha,k}\|^2_{\frac{1}{\omega}} = \int_{\mathbb{R}} \Big|v_{-\alpha,k}(x-t) - e^{it\alpha} v_{-\alpha,k}(x)\Big|^2 \frac{1}{\omega(x)^2} dx$$

$$= \int_{\mathbb{R}} \Big|v_{-\alpha,k}(-x-t) - e^{it\alpha} v_{-\alpha,k}(-x)\Big|^2 \omega^*(x)^2 dx = \|S_{-t,\omega^*}\, z_{\alpha,k} - e^{it\alpha}\, z_{\alpha,k}\|_{\omega^*},$$

où $z_{\alpha,k}(x) = v_{-\alpha,k}(-x),\ \forall x \in \mathbb{R},\ \forall k \in \mathbb{N}$. On en déduit que

$$\lim_{k\to+\infty} \|S_{-t,\omega^*}\, z_{\alpha,k} - e^{it\alpha}\, z_{\alpha,k}\|_{\omega^*} = 0,\ \forall t \in \mathbb{R}.$$

On obtient

$$\lim_{k\to+\infty} \|S_{t,\omega^*}\, z_{\alpha,k} - e^{-it\alpha} z_{\alpha,k}\|_{\omega^*} = 0,\ \forall t \in \mathbb{R}. \qquad \square$$

Lemme 2.10. *Soit ω un poids continu sur $\mathbb{R}$. Alors*
1) Pour tout $\alpha \in B^-_{\omega,1}$, il existe une suite $(u_{\alpha,k})_{k\in\mathbb{N}} \subset L^2_\omega(\mathbb{R})$ telle que :

$$\text{(2.32)} \qquad \|u_{\alpha,k}\|_\omega = 1,\ \forall k \in \mathbb{N},\ \lim_{k\to+\infty} \|\ M_\phi\, u_{\alpha,k} - \hat{\phi}(\alpha) u_{\alpha,k}\ \|_\omega = 0,\ \forall \phi \in C^\infty_c(\mathbb{R}).$$

2) Pour tout $\alpha \in B^+_{\omega,1}$, il existe une suite $(v_{\alpha,k})_{k\in\mathbb{N}} \subset L^2_{\omega^*}(\mathbb{R})$ telle que :

$$\text{(2.33)} \qquad \|v_{\alpha,k}\|_{\omega^*} = 1,\ \forall k \in \mathbb{N},\ \lim_{k\to+\infty} \|M^*_\phi\, v_{\alpha,k} - \hat{\phi}(\alpha) v_{\alpha,k}\|_{\omega^*} = 0,\ \forall \phi \in C^\infty_c(\mathbb{R}).$$

3) Pour tout $\alpha \in B^+_{\omega,2}$, il existe une suite $(y_{\alpha,k})_{k\in\mathbb{N}} \subset L^2_\omega(\mathbb{R})$ telle que :

$$\text{(2.34)} \qquad \|y_{\alpha,k}\|_\omega = 1,\ \forall k \in \mathbb{N},\ \lim_{k\to+\infty} \| M_\phi\, y_{\alpha,k} - \hat{\phi}(\alpha) y_{\alpha,k} \|_\omega = 0,\ \forall \phi \in C^\infty_c(\mathbb{R}).$$

4) Pour tout $\alpha \in B^-_{\omega,2}$, il existe une suite $(z_{\alpha,k})_{k\in\mathbb{N}} \subset L^2_{\omega^*}(\mathbb{R})$ telle que :

$$\text{(2.35)} \qquad \|z_{\alpha,k}\|_{\omega^*} = 1,\ \forall k \in \mathbb{N},\ \lim_{k\to+\infty} \|M^*_\phi\, z_{\alpha,k} - \hat{\phi}(\alpha) z_{\alpha,k}\|_{\omega^*} = 0,\ \forall \phi \in C^\infty_c(\mathbb{R}).$$

Preuve. On fixe $\alpha \in B^-_{\omega,1}$. Soient $\phi \in \mathcal{D}_{[-a,a]}(\mathbb{R})$ et $(u_{\alpha,k})_{k\in\mathbb{N}} \subset L^2_\omega(\mathbb{R})$ une suite vérifiant les propriétés (2.24) et (2.25). On obtient :

$$\| M_\phi\, u_{\alpha,k} - \hat{\phi}(\alpha) u_{\alpha,k} \|^2_\omega = \int_{-\infty}^{+\infty} \Big| \int_{-a}^{a} \phi(y) \Big(S_y\, u_{\alpha,k}(x) \ - \ e^{-iy\alpha} u_{\alpha,k}(x) \Big) dy \Big|^2 \omega(x)^2 dx$$

$$\leq \int_{-\infty}^{+\infty} \|\phi\|^2_\infty \Big(\int_{-a}^{a} \Big| S_y\, u_{\alpha,k}(x) \ - \ e^{-iy\alpha} u_{\alpha,k}(x) \Big| dy \Big)^2 \omega(x)^2 dx,\ \forall k \in \mathbb{N},$$

d'après l'inégalité de Jensen appliquée à la mesure $\frac{\chi_{[-a,a]}(x)}{2a} dx$ et la fonction convexe x^2. En appliquant le théorème de Fubini, on trouve :

$$\|M_\phi\, u_{\alpha,k} - \hat{\phi}(\alpha) u_{\alpha,k}\|^2_\omega \ \leq \|\phi\|^2_\infty \int_{-a}^{a} \Big(\int_{-\infty}^{+\infty} \Big| S_y\, u_{\alpha,k}(x) \ - \ e^{-iy\alpha} u_{\alpha,k}(x) \Big|^2 \omega(x)^2 dx \Big) dy$$

$$\leq \|\phi\|^2_\infty \int_{-a}^{a} \|S_y\, u_{\alpha,k} \ - \ e^{-iy\alpha} u_{\alpha,k}\|^2_\omega \ dy,\ \forall k \in \mathbb{N}.$$

Comme pour $k \in \mathbb{N}$ et $y \in [-a, a]$,

$$\|S_y\, u_{\alpha,k} \ - \ e^{-iy\alpha} u_{\alpha,k}\|_\omega \ \leq \ \|S_y - e^{-iy\alpha} I\| \ \leq \ \sup_{s\in[-a,a]} \Big(\|S_s\| + |e^{-is\alpha}| \Big) < +\infty,$$

grâce au théorème de convergence dominée de Lesbegue, on conclut que :

$$\lim_{k\to+\infty} \|M_\phi\, u_{\alpha,k} - \hat{\phi}(\alpha) u_{\alpha,k}\|_\omega = 0.$$

De même, en appliquant les Lemmes 2.7, 2.8 et 2.9 on montre (2.33), (2.34) et (2.35). □

LEMME 2.11. *Soit ω un poids continu sur $\mathbb{R}$ et soit $\phi \in C^\infty_c(\mathbb{R})$. Alors*

$$\text{(2.36)} \qquad |\hat{\phi}(\alpha)| \leq \| M_\phi \|,\ \forall \alpha \in A_{\omega,1} \bigcup A_{\omega,2}.$$

Preuve. On remarque que d'après l'inégalité de Cauchy-Schwartz, pour tout $z \in \mathbb{C}$ au moins une des séries $\sum_{k=0}^{n} e^{-2k\,\mathrm{Im}\, z} \omega(k)^2$ et $\sum_{k=0}^{n} \frac{e^{2k\,\mathrm{Im}\, z}}{\omega(k)^2}$ diverge et donc $A_{\omega,1} \subset B^-_{\omega,1} \bigcup B^+_{\omega,1}$. Soit $\phi \in C^\infty_c(\mathbb{R})$ fixée. On suppose que $\alpha \in A_{\omega,1} \bigcap B^-_{\omega,1}$. Soit

$(u_{\alpha,k})_{k\in\mathbb{N}} \subset L^2_\omega(\mathbb{R})$ une suite vérifiant la propriété (2.32). Comme $\|u_{\alpha,k}\|_\omega = 1$, pour tout $k \in \mathbb{N}$, on a

$$\hat{\phi}(\alpha) = < \hat{\phi}(\alpha)u_{\alpha,k} - M_\phi\, u_{\alpha,k}\, ,\, u_{\alpha,k} > + < M_\phi\, u_{\alpha,k}\, ,\, u_{\alpha,k} >, \ \forall k \in \mathbb{N}$$

et on obtient

$$|\hat{\phi}(\alpha)| \leq |< \hat{\phi}(\alpha)u_{\alpha,k} - M_\phi\, u_{\alpha,k}\, ,\, u_{\alpha,k} >| + \|M_\phi\|, \ \forall k \in \mathbb{N}.$$

On a

$$\lim_{k\to+\infty} |< \hat{\phi}(\alpha)u_{\alpha,k} - M_\phi\, u_{\alpha,k}\, ,\, u_{\alpha,k} >| \leq \lim_{k\to+\infty} \|\hat{\phi}(\alpha)u_{\alpha,k} - M_\phi\, u_{\alpha,k}\|_\omega = 0$$

et on trouve

$$|\hat{\phi}(\alpha)| \ \leq \ \|M_\phi\|.$$

Si $\alpha \in A_{\omega,1} \bigcap B^+_{\omega,1}$, grâce au même argument et à la propriété (2.33), on montre que

$$|\hat{\phi}(\alpha)| \leq \|M^*_\phi\|.$$

Comme $\|M_\phi\| = \|M^*_\phi\|$, on obtient :

$$|\hat{\phi}(\alpha)| \leq \|M_\phi\|, \ \forall \alpha \in A_{\omega,1}.$$

Pour tout $z \in \mathbb{C}$ au moins une des séries $\sum_{k=0}^n e^{2k\,\mathrm{Im}\, z}\omega(-k)^2$ et $\sum_{k=0}^n \frac{e^{-2k\,\mathrm{Im}\, z}}{\omega(-k)^2}$ diverge et donc $A_{\omega,2} \subset B^-_{\omega,2} \bigcup B^+_{\omega,2}$. Grâce aux propriétés (2.34) et (2.35) on montre de même

$$|\hat{\phi}(\alpha)| \leq \|M_\phi\|, \ \forall \alpha \in A_{\omega,2}. \qquad \square$$

THÉORÈME 2.3. *Soit* ω *un poids continu sur* $\mathbb{R}$ *et soit* $\phi \in C^\infty_c(\mathbb{R})$. *Alors*

$$|\hat{\phi}(\alpha)| \leq \|\ M_\phi\ \|, \ \forall \alpha \in A_\omega. \tag{2.37}$$

Preuve. Grâce à la Remarque 2.1, en appliquant au poids discret obtenu en restreignant ω à $\mathbb{Z}$ une propriété standard des shifts bilatéraux associés à des poids sur $\mathbb{Z}$ (cf. [**33**], théorème 7 et [**30**], théorème 3), on trouve :

$$R^+_\omega = \max(R^+_{\omega,1}, R^+_{\omega,2}), \quad R^-_\omega = \min(R^-_{\omega,1}, R^-_{\omega,2}).$$

Cela implique que la frontière de la bande A_ω est contenue dans $A_{\omega,1} \bigcup A_{\omega,2}$. Pour toute fonction $\phi \in C^\infty_c(\mathbb{R})$, $\hat{\phi}$ est entière et il est clair que

$$|\hat{\phi}(z)| \leq C\|\phi\|_\infty e^{k\,\mathrm{Im}\, z} \leq K\|\phi\|_\infty, \ \forall z \in A_\omega,$$

où $C > 0$, $k > 0$ et $K > 0$. On peut donc grâce au principe de Phragmen-Lindelöf (cf. [**32**], p.235), déduire de (2.36) l'inégalité :

$$|\hat{\phi}(\alpha)| \leq \|M_\phi\|, \ \forall \phi \in C^\infty_c(\mathbb{R}), \ \forall \alpha \in A_\omega. \qquad \square$$

2.5. Symbole d'un multiplicateur sur $L^2_\omega(\mathbb{R})$. Dans cette section, nous allons démontrer le Théorème 2.1, énoncé dans l'introduction.

Preuve du Théorème 2.1. Soit ω un poids sur $\mathbb{R}$. Soit $M \in \mathcal{M}_\omega$. On va utiliser le poids ω_0, qui a été introduit au début de ce chapitre. On rappelle que les poids ω et ω_0 sont équivalents et $L^2_\omega(\mathbb{R}) = L^2_{\omega_0}(\mathbb{R})$. D'après la Proposition 2.2 appliquée au poids ω_0 et au multiplicateur M, il existe une suite $(\phi_n)_{n\in\mathbb{N}} \subset C_c^\infty(\mathbb{R})$ telle que M est la limite de $(M_{\phi_n})_{n\in\mathbb{N}}$ au sens de la topologie forte des opérateurs et telle que pour tout $n \in \mathbb{N}$, on a $\|M_{\phi_n}\|_{B_{\omega_0}} \leq k_n \|M\|_{B_{\omega_0}}$, où $k_n = \sup_{|y|\leq \frac{1}{n}} \tilde{\omega_0}(y)$. Soit $a \in I_\omega = I_{\omega_0}$. D'après le Théorème 2.3, appliqué au poids continu ω_0, on a

$$|\widehat{(\phi_n)_a}(x)| = |\widehat{\phi_n}(x+ia)| \leq \|M_{\phi_n}\|_{B_{\omega_0}} \leq k_n \|M\|_{B_{\omega_0}} \leq k_n {\beta_\omega}^2 \|M\|_{B_\omega},$$

pour tout $x \in \mathbb{R}$. Comme la suite $(k_n)_{n\in\mathbb{N}}$ est bornée, on peut, quitte à remplacer $(\widehat{(\phi_n)_a})_{n\in\mathbb{N}}$ par une sous-suite convenable, supposer que $(\widehat{(\phi_n)_a})_{n\in\mathbb{N}}$ converge pour la topologie faible $\sigma(L^\infty(\mathbb{R}), L^1(\mathbb{R}))$ vers une fonction ν_a dans $L^\infty(\mathbb{R})$. De plus, on obtient

$$\|\nu_a\|_\infty \leq C_\omega \, \|M\|_{B_\omega},$$

où $C_\omega = {\beta_\omega}^2$, car $\lim_{n\to+\infty} k_n = 1$ (cf. (2.12)). Nous avons

$$\lim_{n\to+\infty} \int_{\mathbb{R}} \left(\widehat{(\phi_n)_a}(x) - \nu_a(x) \right) g(x)\, dx = 0, \ \ \forall g \in L^1(\mathbb{R})$$

et on remarque que

$$\lim_{n\to+\infty} \int_{\mathbb{R}} \left(\widehat{(\phi_n)_a}(x)\widehat{(f)_a}(x) - \nu_a(x)\widehat{(f)_a}(x) \right) g(x)\, dx = 0, \ \ \forall g \in L^2(\mathbb{R}), \, \forall f \in C_c^\infty(\mathbb{R}).$$

On conclut que $\left(\widehat{(\phi_n)_a}\widehat{(f)_a}\right)_{n\in\mathbb{N}}$ converge faiblement dans $L^2(\mathbb{R})$ vers $\nu_a\widehat{(f)_a}$, pour $f \in C_c^\infty(\mathbb{R})$.

On fixe $f \in C_c^\infty(\mathbb{R})$. Comme $(M_{\phi_n} f)_a \in C_c^\infty(\mathbb{R})$, on a

$$\widehat{(M_{\phi_n} f)_a}(x) = \widehat{M_{\phi_n} f}(x+ia)$$
$$= \widehat{\phi_n}(x+ia)\hat{f}(x+ia) = \widehat{\phi_n}(x+ia)\widehat{(f)_a}(x), \ \ \forall x \in \mathbb{R}$$

et par conséquent,

$$\|(M_{\phi_n} f)_a\|_{L^2} = \|\widehat{(M_{\phi_n} f)_a}\|_{L^2} \leq k_1 {\beta_\omega}^2 \|M\|_{B_\omega} \, \|\widehat{(f)_a}\|_{L^2}, \ \ \forall n \in \mathbb{N}.$$

Quitte à remplacer $\Big((M_{\phi_n}f)_a\Big)_{n\in\mathbb{N}}$ par une sous-suite convenable, on peut supposer que $\Big((M_{\phi_n}f)_a\Big)_{n\in\mathbb{N}}$ converge faiblement dans $L^2(\mathbb{R})$ vers une fonction $h_a \in L^2(\mathbb{R})$. On a

$$\int_{\mathbb{R}} \Big|(M_{\phi_n}f)_a(x) - (Mf)_a(x)\Big|\, |g(x)|\, dx$$
$$\leq C_{a,g}\|M_{\phi_n}f - Mf\|_\omega,\ \forall g \in C_c^\infty(\mathbb{R}),\ \forall n \in \mathbb{N},$$

où $C_{a,g}$ est une constante, qui ne dépend que de g. Comme $(M_{\phi_n}f)_{n\in\mathbb{N}}$ converge vers Mf dans $L^2_\omega(\mathbb{R})$, on obtient :

$$\lim_{n\to+\infty}\int_{\mathbb{R}} (M_{\phi_n}\ f)_a(x)g(x)\, dx = \int_{\mathbb{R}} (Mf)_a(x)g(x)\, dx,\ \ \forall g \in C_c^\infty(\mathbb{R}).$$

On conclut que $(Mf)_a = h_a$ et $(Mf)_a \in L^2(\mathbb{R})$. Comme pour tout $g \in L^2(\mathbb{R})$,

$$\lim_{n\to+\infty}\langle\widehat{(M_{\phi_n}f)_a}, \hat{g}\rangle_{L^2} = \lim_{n\to+\infty}\langle\widehat{(\phi_n)_a}\ \widehat{(f)_a}, \hat{g}\rangle_{L^2} = \langle\nu_a\widehat{(f)_a}, \hat{g}\rangle_{L^2}$$

et

$$\lim_{n\to+\infty}\langle\widehat{(M_{\phi_n}f)_a}, \hat{g}\rangle_{L^2} = \langle\widehat{(Mf)_a}, \hat{g}\rangle_{L^2},$$

on obtient

$$\widehat{(Mf)_a} = \nu_a\widehat{(f)_a}.$$

On conclut que pout toute fonction $f \in C_c^\infty(\mathbb{R})$ et tout $a \in I_\omega$ on a

$$\widehat{(Mf)_a}(x) = \nu_a(x)\widehat{(f)_a}(x)\ \ p.p.$$

Supposons maintenant que $R_\omega^- < R_\omega^+$ (i.e. $\mathring{A}_\omega \neq \emptyset$). Comme

$$(Mf)_a \in L^2(\mathbb{R}) \subset \mathcal{S}(\mathbb{R})',\ \forall a \in I_\omega,\ \forall f \in C_c^\infty(\mathbb{R}),$$

d'après le Théorème 7.4.2 de [**19**] on a

$$\widehat{Mf}(x+ia) = \widehat{(Mf)_a}(x),\ \ \forall x \in \mathbb{R},\ \ \forall a \in \mathring{I}_\omega,\ \ \forall f \in C_c^\infty(\mathbb{R})$$

et $\widehat{Mf}$ est holomorphe sur $\mathring{A}_\omega$. Soit $f \in C_c^\infty(\mathbb{R}),\ \ f \neq 0$. La fonction $\nu := \frac{\widehat{Mf}}{\hat{f}}$ n'a que des pseudo singularités dans $\mathring{A}_\omega$ et s'étend en une fonction holomorphe sur $\mathring{A}_\omega$. Nous avons

$$\nu(x+ia) = \nu_a(x),\ \ p.p. \text{ pour } a \in \mathring{I}_\omega$$

et

$$\widehat{Mf} = \nu\hat{f},\ \ \text{pour} f \in C_c^\infty(\mathbb{R}).$$

De plus, $|\nu(\alpha)| \leq C_\omega\ \|M\|_{B_\omega}$, pour tout $\alpha \in \mathring{A}_\omega$ et on a $\nu \in \mathcal{H}^\infty(\mathring{A}_\omega)$.

Il est clair que

$$spec(S) \subset \Big\{z \in \mathbb{C} \mid \frac{1}{\rho(S^{-1})} \leq |z| \leq \rho(S)\Big\}.$$

On va démontrer l'inclusion réciproque. Soit $a \in \mathbb{R}$ tel que pour tout $M \in \mathcal{M}_\omega$, les propositions 1) et 2) de Théorème 2.1 soient vérifiées. On suppose que $e^{-ia} \notin spec(S)$. Alors $(S - e^{-ia}I)^{-1}$ est un multiplicateur et il existe $\nu_a \in L^\infty(\mathbb{R})$ telle que

$$\mathcal{F}\Big(((S - e^{-ia}I)^{-1}g)_a\Big) = \nu_a\widehat{(g)_a},\ \forall g \in C_c^\infty(\mathbb{R}).$$

En penant $g = (S - e^{-ia}I)^{-1}f$ pour $f \in C_c^\infty(\mathbb{R})$, on obtient

$$\widehat{(f)_a}(t) = \nu_a(t)(e^{-iat} - e^{-ia})\widehat{(f)_a}(t),\ p.p\ , \forall f \in C_c^\infty(\mathbb{R}).$$

Cela entraîne que $\nu_a(t)(e^{-iat} - e^{-ia}) = 1$ p.p., ce qui est absurde. On conclut que $e^{-ia} \in spec(S)$. Comme tous les éléments de l'intervalle $\Big[\ln\frac{1}{\rho(S^{-1})}, \ln\rho(S)\Big]$ vérifient les propositions 1) et 2) du Théorème 2.1, on a

$$\Big\{z \in \mathbb{C} \mid \frac{1}{\rho(S^{-1})} \leq |z| \leq \rho(S)\Big\} \subset spec(S).$$

On en déduit que

$$spec(S) = \Big\{z \in \mathbb{C} \mid \frac{1}{\rho(S^{-1})} \leq |z| \leq \rho(S)\Big\}.$$

□

3. Symbole d'un opérateur de Wiener-Hopf

Dans cette partie, nous allons nous intéresser aux opérateurs de Wiener-Hopf sur $L^2_\delta(\mathbb{R}^+)$. Dans la suite S_a va désigner pour tout $a \in \mathbb{R}$ l'opérateur défini sur $L^1_{loc}(\mathbb{R})$ par la formule

$$S_af(x) = f(x-a),\ p.p.$$

L'espace $L^2_\delta(\mathbb{R}^+)$ peut être considéré comme un sous-espace de $L^1_{loc}(\mathbb{R})$ en posant $f(x) = 0$, pour tout $x \in \mathbb{R}^-$, pour tout $f \in L^2_\delta(\mathbb{R}^+)$.

3.1. Distribution associée à un opérateur de Wiener-Hopf. Nous allons prouver que tout opérateur de Wiener-Hopf est associé à une distribution. Nous nous inspirons des méthodes employées dans la partie précédente, mais ici la définition de la distribution associée à un opérateur de Wiener-Hopf est moins naturelle. Notons $C_0^\infty(\mathbb{R}^+)$ l'espace des fonctions de $C^\infty(\mathbb{R})$ à support dans $]0, +\infty[$. Tout d'abord, remarquons que d'après un raisonnement très similaire à celui exposé dans la sous-section 2.2, le poids δ est équivalent au poids continu δ_1 défini par la formule

$$\delta_1(x) = \exp\Big(\int_1^2 \ln(\delta(x+t))dt\Big).$$

De plus, δ_1 est tel que $\ln \delta_1$ est une fonction liptchitzienne. Cela entraîne

$$\lim_{n\to+\infty} \sup_{0\le t\le \frac{1}{n}} \widetilde{\delta_1^+}(t) = 1$$

et pour tout compact $K \subset \mathbb{R}$, nous avons

$$\sup_{t\in K} \widetilde{\delta^+}(t) < +\infty.$$

Par conséquent, pour $K \subset \mathbb{R}^+$,

$$0 < \inf_{x\in K} \delta(x) \le \sup_{x\in K} \delta(x) < +\infty.$$

LEMME 2.12. *Si $T \in W_\delta$ et $f \in C_0^\infty(\mathbb{R}^+)$, alors $(Tf)' = T(f')$.*

Preuve. Soient $f \in C_0^\infty(\mathbb{R}^+)$ et $(h_n)_{n\ge 0} \subset \mathbb{R}^+$ une suite convergente vers 0. On a

$$\Big|\frac{(S_{-h_n}f)(x) - f(x)}{h_n} - f'(x)\Big| \le 2\|f'\|_\infty, \forall x \in \mathbb{R}^+$$

et en utilisant le théorème de convergence dominée, on obtient

$$\lim_{n\to+\infty}\Big\|\frac{P^+S_{-h_n}f - f}{h_n} - f'\Big\|_\delta = 0.$$

Ainsi nous trouvons

$$\lim_{n\to+\infty}\Big\|\frac{TP^+S_{-h_n}f - Tf}{h_n} - T(f')\Big\|_\delta = 0.$$

Comme $T \in W_\delta$, on en déduit que

$$TP^+S_{-h_n}f = TS_{-h_n}f = P^+S_{-h_n}TS_{h_n}S_{-h_n}f = P^+S_{-h_n}Tf.$$

On voit que

$$\lim_{n\to+\infty}\int_0^{+\infty}\Big|\frac{(Tf)(x+h_n) - (Tf)(x)}{h_n} - T(f')(x)\Big|^2\delta(x)^2dx = 0.$$

Il s'en suit que $\frac{P^+S_{-h_n}Tf-Tf}{h_n}$ converge vers $T(f')$ au sens des distributions et $T(f') = (Tf)'$. □

PROPOSITION 2.3. *Soit δ un poids sur $\mathbb{R}^+$. Si T est un opérateur de Wiener-Hopf sur $L^2_\delta(\mathbb{R}^+)$, il existe une distribution μ_T d'ordre 1 telle que*

$$Tf = P^+(\mu_T * f),\ \forall f \in C_c^\infty(\mathbb{R}^+).$$

Preuve. Pour $f \in C_c^\infty(\mathbb{R})$, posons $\tilde{f}(x) = f(-x)$, pour $x \in \mathbb{R}$. Soit $f \in C_c^\infty(\mathbb{R})$ et soit z_f tel que supp $\tilde{f} \subset]-z_f, +\infty[$ et $S_z\tilde{f} \in C_0^\infty(\mathbb{R}^+)$, pour $z \geq z_f$. Nous avons $(TS_z\tilde{f})' = T(S_z\tilde{f})'$ et $(TS_z\tilde{f})' \in L^2_{loc}(\mathbb{R})$. Cela entraîne que $TS_z\tilde{f}$ est égal presque partout à une fonction continue sur $\mathbb{R}^+$ (cf. [**31**], p.186). De plus, pour $a > 0$ et $z \geq z_f$, nous avons

$$(TS_{z+a}\tilde{f})(z+a) = (P^+S_{-a}TS_a(S_z\tilde{f}))(z) = (TS_z\tilde{f})(z).$$

On conclut que $\left\{(TS_z\tilde{f})(z)\right\}_{z\in\mathbb{R}^+}$ est constant pour $z \geq z_f$ et on pose

$$< \mu_T, f >= \lim_{z\to+\infty}(TS_z\tilde{f})(z).$$

Soit K un compact de $\mathbb{R}$ et soit z_K tel que $z_K \geq 1$ et $K \subset]-\infty, z_K[$. Choisissons une fonction $g \in C_c^\infty(\mathbb{R})$ qui est positive, à support dans $[z_K - 1, z_K + 1]$ et telle que $g(z_K) = 1$. Pour $f \in C_K^\infty(\mathbb{R})$, nous avons $gT(S_{z_K}\tilde{f}) \in H^1(\mathbb{R})$ et le lemme de Sobolev (cf.[**31**]) implique que

$$|(TS_{z_K}\tilde{f})(z_K)| = |g(z_K)(TS_{z_K}\tilde{f})(z_K)|$$

$$\leq C\Big(\Big(\int_{|y-z_K|\leq 1} g(y)^2|(TS_{z_K}\tilde{f})(y)|^2dy\Big)^{\frac{1}{2}} + \Big(\int_{|y-z_K|\leq 1} |(g(TS_{z_K}\tilde{f}))'(y)|^2dy\Big)^{\frac{1}{2}}\Big),$$

où $C > 0$ est une constante. Cela entraîne qu'il existe une constante $C(K)$, ne dépendant que de K, telle que

$$|(TS_{z_K}\tilde{f})(z_K)| \leq C(K)\ \Big(\Big(\int_{|y-z_K|\leq 1} |(TS_{z_K}\tilde{f})(y)|^2\frac{\delta(y)^2}{\delta(y)^2}dy\Big)^{\frac{1}{2}}$$

$$+\Big(\int_{|y-z_K|\leq 1} |(T(S_{z_K}\tilde{f})')(y)|^2\frac{\delta(y)^2}{\delta(y)^2}dy\Big)^{\frac{1}{2}}\Big)$$

Comme

$$\sup_{t\in[z_K-1,z_K+1]}\frac{1}{\delta(t)} < +\infty \text{ et } \sup_{t\in[z_K-1,z_K+1]}\delta(t) < +\infty,$$

il en découle que pour $f \in C_K^\infty(\mathbb{R})$ on a

$$|(TS_{z_K}\tilde{f})(z_K)| \leq \mathcal{C}(K)\|T\|\Big(\Big(\int_{|y-z_K|\leq 1}|(S_{z_K}\tilde{f})(y)|^2dy\Big)^{\frac{1}{2}}+\Big(\int_{|y-z_K|\leq 1}|(S_{z_K}\tilde{f})'(y)|^2dy\Big)^{\frac{1}{2}}\Big)$$

$$\leq \mathcal{C}(K)\|T\|\ \Big(\Big(\int_{-1}^{1}|\tilde{f}(x)|^2dx\Big)^{\frac{1}{2}}+\Big(\int_{-1}^{1}|(\tilde{f})'(x)|^2dx\Big)^{\frac{1}{2}}\Big)$$

$$\leq \mathcal{C}(K)\|T\|(\|\tilde{f}\|_\infty+\|\tilde{f}'\|_\infty) = \mathcal{C}(K)\|T\|(\|f\|_\infty+\|f'\|_\infty),$$

où $\mathcal{C}(K)$ est une constante, qui ne dépend que de K. Etant donné que pour tous $z \geq z_K$ et $f \in C_K^\infty(\mathbb{R})$ nous avons

$$(TS_z\tilde{f})(z) = (TS_{z_K}\tilde{f})(z_K),$$

nous déduisons que μ_T est une distribution. D'autre part, pour $y \geq 0$ et $f \in C_c^\infty(\mathbb{R}^+)$ nous avons pour $z > y$:

$$(Tf)(y) = (S_{-y}Tf)(0) = (S_{-y}S_{-z}TS_zf)(0)$$

$$= (S_{-z}(S_{-y}TS_y)S_{-y}S_zf)(0) = (S_{-z}TS_{-y}S_zf)(0)$$

$$= (TS_zS_{-y}f)(z).$$

Par conséquent, on a

$$\lim_{z\to+\infty}(TS_zS_{-y}f)(z) = (Tf)(y).$$

Ensuite, on voit que, pour $y \geq 0$ et $f \in C_c^\infty(\mathbb{R}^+)$,

$$\lim_{z\to+\infty}(TS_zS_{-y}f)(z) =< \mu_T, \widetilde{S_{-y}f} >$$

$$=< \mu_{T,x}, f(y-x) >= (\mu_T * f)(y)$$

et nous concluons que

$$(Tf)(y) = (\mu_T * f)(y),\ y \geq 0,\ f \in C_c^\infty(\mathbb{R}^+).\ \Box$$

4. Approximation des opérateurs de Wiener-Hopf

Ici, on va utiliser la même méthode que celle qu'on a déjà mise en oeuvre pour obtenir l'approximation des multiplicateurs. Etant donné que quelques modifications techniques s'imposent, nous donnons les détails. On note T_μ l'opérateur de Wiener-Hopf défini par la convolution avec μ pour $f \in C_c^\infty(\mathbb{R}^+)$. Si μ est une distribution à support compact, on dit que T_μ est un opérateur de Wiener-Hopf à support compact.

PROPOSITION 2.4. *Soient δ un poids sur $\mathbb{R}^+$ et $T \in W_\delta$. Alors, il existe une suite $(Y_n)_{n\in\mathbb{N}}$ d'opérateurs de Wiener-Hopf à support compact telle que*

$$\lim_{n\to+\infty} \|Y_n f - Tf\|_\delta = 0, \text{ pour } f \in L^2_\delta(\mathbb{R}^+)$$

$$\|Y_n\| \leq \|T\|, \forall n \in \mathbb{N}.$$

Preuve. On pose $(U_t f)(x) = f(x)e^{-itx}$, pour $f \in L^2_\delta(\mathbb{R}^+)$, $t \in \mathbb{R}$ et $x \in \mathbb{R}^+$, en appliquant le théorème de convergence dominée, nous obtenons que le groupe $(U_t)_{t\in\mathbb{R}}$ est continu pour la topologie forte des opérateurs. Soit $T \in W_\delta$ et posons

$$\mathcal{T}(t) = U_{-t} \circ T \circ U_t, \forall t \in \mathbb{R}.$$

On a $\mathcal{T}(0) = T$. Pour $a > 0$, $x > 0$ et $f \in L^2_\omega(\mathbb{R})$ nous avons

$$\begin{aligned}(S_{-a}\mathcal{T}(t)S_a f)(x) &= (\mathcal{T}(t)S_a f)(x+a)\\ &= e^{it(x+a)}(T(f(s-a)e^{-its}))(x+a)\\ &= e^{itx}(S_{-a}T(f(s-a)e^{-it(s-a)}))(x)\\ &= e^{itx}(S_{-a}TS_a(U_t f))(x) = (\mathcal{T}(t)f)(x).\end{aligned}$$

Cela montre que $\mathcal{T}(t) \in W_\delta$. De plus, il est clair que $\|\mathcal{T}(t)\| = \|T\|$, pour $t \in \mathbb{R}$. L'application $\mathcal{T}$ est continue de $\mathbb{R}$ dans W_δ. Posons $Y_n := (\mathcal{T} * \gamma_n)(0)$, où $(\gamma_n)_{n\in\mathbb{N}}$ est la suite régularisante définie dans la sous-section 2.3. Alors pour $f \in L^2_\delta(\mathbb{R}^+)$, nous obtenons

$$\lim_{n\to+\infty} \|Y_n f - Tf\|_\delta = 0.$$

Ainsi, pour $n \in \mathbb{N}$ et $f \in L^2_\delta(\mathbb{R}^+)$, nous trouvons

$$\begin{aligned}\|Y_n f\|^2_\delta = \|(\mathcal{T} * \gamma_n)(0)f\|^2_\delta &= \int_0^{+\infty} \left| \int_{-\infty}^{+\infty} (\mathcal{T}(y)f)(x)\gamma_n(-y)dy \right|^2 \delta(x)^2 dx\\ &\leq \int_0^{+\infty} \left(\int_{-\infty}^{+\infty} |(\mathcal{T}(y)f)(x)|\gamma_n(-y)dy \right)^2 \delta(x)^2 dx.\end{aligned}$$

En appliquant l'inégalité de Jensen et le théorème de Fubini, on obtient

$$\begin{aligned}\|Y_nf\|_\delta^2 &\leq \int_{-\infty}^{+\infty}\int_0^{+\infty} |(\mathcal{T}(y)f)(x)|^2\gamma_n(-y)\delta(x)^2dxdy\\ &\leq \int_{-\infty}^{+\infty} \|\mathcal{T}(y)\|^2\|f\|_\delta^2\,\gamma_n(y)dy\\ &\leq \int_{-\infty}^{+\infty} \|T\|^2\|f\|_\delta^2\,\gamma_n(y)dy\\ &= \|T\|^2\|f\|_\delta^2,\ \forall n\in\mathbb{N},\ \forall f\in L^2_\delta(\mathbb{R}^+).\end{aligned}$$

Nous concluons que $\|Y_n\| \leq \|T\|$, $\forall n \in \mathbb{N}$. Considérons maintenant la distribution associée à Y_n. Soit K un compact de $\mathbb{R}$ et soit $z_K \geq 1$ tel que $K \subset]-\infty, z_K[$. En nous servant du lemme de Sobolev et des arguments exposés dans la preuve de la Proposition 2.1, on obtient pour $f \in C_K^\infty(\mathbb{R})$,

$$\begin{aligned}&|(TS_{z_K}(\tilde{f}g_n))(z_K)|\\ &\leq C(K)\|T\|\Big(\Big(\int_{|y-z_K|\leq 1} |S_{z_K}(\tilde{f}g_n)(y)|^2dy\Big)^{\frac{1}{2}} + \Big(\int_{|y-z_K|\leq 1} |S_{z_K}(\tilde{f}g_n)'(y)|^2dy\Big)^{\frac{1}{2}}\Big)\\ &\leq C(K)\|T\|\Big(\Big(\int_{-1}^{1} |(\tilde{f}g_n)(x)|^2dx\Big)^{\frac{1}{2}} + \Big(\int_{-1}^{1} |(\tilde{f}g_n)'(x)|^2dx\Big)^{\frac{1}{2}}\Big)\\ &\leq \tilde{C}(K)(\|f\|_\infty + \|f'\|_\infty),\end{aligned}$$

où $C(K)$ et $\tilde{C}(K)$ ne dépendent que de K. Par conséquent,

$$|(TS_z(\tilde{f}g_n))(z)| \leq \tilde{C}(K)(\|f\|_\infty + \|f'\|_\infty),\ \forall z \geq z_K,\ \forall f \in C_K^\infty(\mathbb{R})$$

et on conclut que $\mu_T g_n$ défini par

$$< \mu_T g_n, f >= \lim_{z\to+\infty}(TS_z(\tilde{f}g_n))(z)$$

est une distribution d'ordre 1. D'autre part, nous avons

$$\begin{aligned}(Y_nf)(y) &= \int_{\mathbb{R}}(\mathcal{T}(-s)f)(y)\gamma_n(s)ds\\ &= \int_{\mathbb{R}} e^{-isy}(T(M_{-s}f))(y)\gamma_n(s)ds = \int_{\mathbb{R}} < \mu_{T,x}, f(y-x)e^{-isx} > \gamma_n(s)ds\\ &=< \mu_{T,x}, f(y-x)\int_{\mathbb{R}}\gamma_n(s)e^{-isx}ds >=< \mu_{T,x}, f(y-x)g_n(x) >\\ &= (\mu_T g_n * f)(y), \forall y\geq 0,\ \forall f \in C_c^\infty(\mathbb{R}^+).\end{aligned}$$

Finalement, nous obtenons

$$Y_nf = P^+(\mu_T g_n * f),\ \forall f \in C_c^\infty(\mathbb{R}^+),\ \forall n \in \mathbb{N}.$$

Comme $\operatorname{supp}\mu_T g_n \subset [-n, n]$, cela complète la preuve. □

PROPOSITION 2.5. *Soit δ un poids sur $\mathbb{R}^+$. Si $T \in W_\delta$, alors il existe une suite $(\phi_n)_{n\in\mathbb{N}} \subset C_c^\infty(\mathbb{R})$ telle que*

$$\lim_{n\to+\infty} \|T_{\phi_n} f - Tf\|_\delta = 0, \forall f \in L^2_\delta(\mathbb{R}^+)$$

et

$$\|T_{\phi_n}\| \leq \Big(\sup_{0\leq t\leq \frac{1}{n}} \widetilde{\delta^+}(t)\Big)\|T\|\ , \forall n \in \mathbb{N}.$$

Preuve. Soient $T \in W_\delta$ et μ_T la distribution associée à T. On suppose que μ_T est à support compact. Soit $(\theta_n)_{n\in\mathbb{N}} \subset C_c^\infty(\mathbb{R})$ une suite telle que $\operatorname{supp}\theta_n \subset [0, \frac{1}{n}]$, $\theta_n \geq 0$,

$$\lim_{n\to+\infty} \int_{x\geq a} \theta_n(x)dx = 0,\ \forall a > 0$$

et

$$\|\theta_n\|_{L^1} = 1,\ \forall n \in \mathbb{N}.$$

Pour $f \in L^2_\delta(\mathbb{R}^+)$, on a

$$\lim_{n\to+\infty} \|\theta_n * f - f\|_\delta = 0.$$

Posons

$$T_n f = T(\theta_n * f),\ \forall f \in L^2_\delta(\mathbb{R}^+).$$

On voit que $(T_n)_{n\in\mathbb{N}}$ converge vers T pour la topologie forte des opérateurs et $T_n = T_{\phi_n}$, où $\phi_n = \mu_T * \theta_n \in C_c^\infty(\mathbb{R})$. Pour $f \in L^2_\delta(\mathbb{R}^+)$, on a

$$\begin{aligned}
\|T_n f\|_\delta^2 &= \|P^+(\mu_T * \theta_n * f)\|_\delta^2 \\
&= \|P^+(\theta_n * \mu_T * f)\|_\delta^2 \\
&= \int_0^{+\infty} \Big| \int_{\mathbb{R}} \theta_n(y)(S_y(\mu_T * f))(x)dy\Big|^2 \delta(x)^2 dx \\
&\leq \int_0^{+\infty} \int_{\mathbb{R}} \theta_n(y)|(S_y(\mu_T * f))(x)|^2 \delta(x)^2 dy dx.
\end{aligned}$$

Grâce au théorème de Fubini, nous avons

$$\begin{aligned}
\|T_n f\|_\delta^2 &\leq \int_0^{\frac{1}{n}} \theta_n(y)\Big(\int_0^{+\infty} |(\mu_T * S_y f)(x)|^2 \delta(x)^2 dx\Big) dy \\
&\leq \int_0^{\frac{1}{n}} \theta_n(y)\|T(S_y f)\|_\delta^2\, dy \\
&\leq \int_0^{\frac{1}{n}} \theta_n(y)\|T\|^2\, \widetilde{\delta^+}(y)^2 \|f\|_\delta^2 dy
\end{aligned}$$

$$\leq \|T\|^2\Big(\sup_{0\leq y\leq \frac{1}{n}} \widetilde{\delta}^+(y)^2\Big)\|f\|_\delta^2.$$

Nous déduisons que $\|T_n\| \leq \Big(\sup_{0\leq y\leq \frac{1}{n}} \widetilde{\delta}^+(y)\Big)\|T\|$ et la Proposition 2.5 découle d'une application immédiate de la Proposition 2.4. □

4.1. Représentation d'un opérateur de Wiener-Hopf. Dans cette sous-partie, la principale difficulté va être d'appliquer les méthodes déjà exposées dans le cas des multiplicateurs en contournant le fait que

$$U_{1,\delta}V_{-1,\delta} \neq I.$$

On pose

$$\delta^*(x) = \delta(-x)^{-1},\ \forall x \in \mathbb{R}^-.$$

Nous introduisons l'espace

$$L^2_{\delta^*}(\mathbb{R}^-) := \Big\{f \text{ mesurable sur } \mathbb{R}^- \mid \int_{\mathbb{R}^-} |f(x)|^2\delta^*(x)^2dx < +\infty\Big\}.$$

On définit

$$[f,g] := [f,g]_\delta = \int_{\mathbb{R}}^{+} f(x)\overline{g}(-x)dx,\ \forall f \in L^2_\delta(\mathbb{R}^+),\ \forall g \in L^2_{\delta^*}(\mathbb{R}^-).$$

Pour $a \in \mathbb{R}^+$, notons U_{a,δ^*} l'opérateur de translation défini pour $f \in L^2_{\delta^*}(\mathbb{R}^-)$ par

$$(U_{a,\delta^*}f)(x) = f(x-a),\ p.p.\ x \leq 0.$$

Pour $a \in \mathbb{R}^-$, notons $V_{a,\delta*}$ l'opérateur de translation défini pour $f \in L^2_{\delta^*}(\mathbb{R}^-)$ par

$$(V_{a,\delta^*}f)(x) = f(x-a),\ p.p.\ x \leq a,\ \ (V_{a,\delta^*}f)(x) = 0,\ x > a.$$

LEMME 2.13. *Soit δ un poids continu sur $\mathbb{R}^+$.*
1) Pour $\alpha \in B^-_\delta := \Big\{z \in \mathbb{C} \mid \ln r^-_\delta \leq \operatorname{Im} z$ et $\lim_{n\to+\infty}\sum_{k=0}^n e^{-2k\operatorname{Im} z}\delta(k)^2 = +\infty\Big\}$, il existe une suite $(u_{\alpha,k})_{k\in\mathbb{N}} \subset L^2_\delta(\mathbb{R}^+)$ telle que

$$i)\ \|u_{\alpha,k}\|_\delta = 1,\ \ \forall k \in \mathbb{N}. \tag{2.38}$$

$$ii)\ \lim_{k\to+\infty} \|U_{t,\delta}\, u_{\alpha,k} - e^{-it\alpha}u_{\alpha,k}\|_\delta = 0,\ \forall t \in \mathbb{R}. \tag{2.39}$$

2) Pour $\alpha \in B^+_\delta := \Big\{z \in \mathbb{C} \mid \operatorname{Im} z \ \leq\ \ln\, r^+_\delta$ et $\lim_{n\to+\infty}\sum_{k=0}^n \frac{e^{2k\operatorname{Im} z}}{\delta(k)^2} = +\infty\Big\}$, il existe une suite $(v_{\alpha,k})_{k\in\mathbb{N}} \subset L^2_{\delta^*}(\mathbb{R}^-)$ telle que

$$i)\ \|\ v_{\alpha,k}\ \|_{\delta*} =\ 1,\ \ \forall k \in \mathbb{N}. \tag{2.40}$$

(2.41) $$ii) \lim_{k\to+\infty} \|V_{t,\delta^*}\, v_{\alpha,k} - e^{-it\alpha} v_{\alpha,k}\|_{\delta^*} = 0, \ \forall t \in \mathbb{R}.$$

Preuve. La preuve utilise les arguments développés dans le cadre des multiplicateurs (cf. Lemmes 2.4, 2.5, 2.6, 2.7). En posant $f_\epsilon = \chi_{[0,\epsilon]}$ et $g_n = \sum_{p=0}^{n} e^{i(p+1)\alpha} S_p f_\epsilon$ il suffit juste de répeter la même construction. □
Pour $T \in B(L^2_\delta(\mathbb{R}^+))$ on note T^* l'opérateur de $B(L^2_{\delta^*}(\mathbb{R}^-))$ tel que

$$[Tf, g] = [f, T^* g], \ \forall f \in L^2_\delta(\mathbb{R}^+), \ \forall g \in L^2_{\delta^*}(\mathbb{R}^-).$$

□

LEMME 2.14. *Soit δ un poids continu sur $\mathbb{R}^+$.*
1) *Pour $\alpha \in B_\delta^-$, il existe une suite $(u_{\alpha,k})_{k\in\mathbb{N}} \subset L^2_\delta(\mathbb{R}^+)$ telle que*

(2.42) $$\|u_{\alpha,k}\|_\delta = 1, \ \forall k \in \mathbb{N}, \ \lim_{k\to+\infty} \| T_\phi\, u_{\alpha,k} - \hat{\phi}(\alpha) u_{\alpha,k} \|_\delta = 0, \ \forall \phi \in C_c^\infty(\mathbb{R}).$$

2)) *Pour $\alpha \in B_\delta^+$, il existe une suite $(v_{\alpha,k})_{k\in\mathbb{N}} \subset L^2_{\delta^*}(\mathbb{R}^-)$ telle que*

(2.43) $$\|v_{\alpha,k}\|_{\delta^*} = 1, \ \forall k \in \mathbb{N}, \ \lim_{k\to+\infty} \|T_\phi^*\, v_{\alpha,k} - \hat{\phi}(\alpha) v_{\alpha,k}\|_{\delta^*} = 0, \ \forall \phi \in C_c^\infty(\mathbb{R}).$$

Preuve. Soit $\alpha \in B_\delta^-$ et soit $\phi \in C^\infty_{[-a,a]}(\mathbb{R})$. On suppose qu'il existe une suite $(u_{\alpha,k})_{k\in\mathbb{N}} \subset L^2_\delta(\mathbb{R}^+)$ vérifiant les propriétés (2.38) et (2.39). On obtient

$$\begin{aligned} &\| T_\phi\, u_{\alpha,k} - \hat{\phi}(\alpha) u_{\alpha,k} \|_\delta^2 \\ &= \int_0^{+\infty} \Big| \int_{-a}^{a} \phi(y) \Big(S_y\, u_{\alpha,k}(x) \ - \ e^{-iy\alpha} u_{\alpha,k}(x) \Big) dy \Big|^2 \delta(x)^2 dx \\ &\leq \int_0^{+\infty} \|\phi\|_\infty^2 \Big(\int_{-a}^{a} \Big| S_y\, u_{\alpha,k}(x) \ - \ e^{-iy\alpha} u_{\alpha,k}(x) \Big| dy \Big)^2 \delta(x)^2 dx, \ \forall k \in \mathbb{N}. \end{aligned}$$

En appliquant l'inégalité de Jensen et le théorème de Fubini on trouve

$$\begin{aligned} &\|T_\phi\, u_{\alpha,k} - \hat{\phi}(\alpha) u_{\alpha,k}\|_\delta^2 \\ &\leq \|\phi\|_\infty^2 \int_{-a}^{a} \Big(\int_0^{+\infty} \Big| S_y\, u_{\alpha,k}(x) \ - \ e^{-iy\alpha} u_{\alpha,k}(x) \Big|^2 \delta(x)^2 dx \Big) dy \\ &\leq \|\phi\|_\infty^2 \int_{-a}^{a} \|U_y\, u_{\alpha,k} \ - \ e^{-iy\alpha} u_{\alpha,k}\|_\delta^2 \ dy, \ \forall k \in \mathbb{N}. \end{aligned}$$

Comme pour $k \in \mathbb{N}$ et $y \in [-a, a]$,

$$\|U_y\, u_{\alpha,k} \ - \ e^{-iy\alpha} u_{\alpha,k}\|_\delta \ \leq \ \sup_{s\in[-a,a]} \Big(\widetilde{\delta^+}(s) + |e^{-is\alpha}| \Big) < +\infty.$$

D'après le théorème de convergence dominée, nous avons

$$\lim_{k\to+\infty} \|T_\phi\, u_{\alpha,k} - \hat{\phi}(\alpha) u_{\alpha,k}\|_\delta = 0.$$

De même s'il existe une suite $(v_{\alpha,k})_{k\in\mathbb{N}} \subset L^2_{\delta^*}(\mathbb{R}^-)$ vérifiant (2.40) et (2.41) on obtient l'assertion 2). □

LEMME 2.15. *Soit δ un poids continu sur $\mathbb{R}^+$ et soit $\phi \in C_c^\infty(\mathbb{R})$. Nous avons*

$$|\hat{\phi}(\alpha)| \leq \| T_\phi \|, \ \forall \alpha \in \Omega_\delta. \tag{2.44}$$

Preuve. On remarque que d'après l'inégatlité de Cauchy-Shwartz, on obtient que pour $z \in \mathbb{C}$ au moins une des séries $\sum_{k=0}^{\infty} e^{-2k\,\mathrm{Im}\,z}\delta(k)^2$ et $\sum_{k=0}^{\infty} \frac{e^{2k\,\mathrm{Im}\,z}}{\delta(k)^2}$ diverge et on a $\Omega_\delta \subset B_\delta^- \bigcup B_\delta^+$. Soit $\phi \in C_c^\infty(\mathbb{R})$. Supposons que $\alpha \in \Omega_\delta \bigcap B_\delta^-$. Soit $(u_{\alpha,k})_{k\in\mathbb{N}} \subset L^2_\omega(\mathbb{R})$ une suite vérifiant (2.38) et (2.39). Comme $\|u_{\alpha,k}\|_\delta = 1$, pour $k \in \mathbb{N}$, on a

$$\hat{\phi}(\alpha) = < \hat{\phi}(\alpha) u_{\alpha,k} - T_\phi\, u_{\alpha,k}\ ,\ u_{\alpha,k} > + < T_\phi\, u_{\alpha,k}\ ,\ u_{\alpha,k} >, \ \ \forall k \in \mathbb{N}$$

et on trouve

$$|\hat{\phi}(\alpha)| \leq |< \hat{\phi}(\alpha) u_{\alpha,k} - T_\phi\, u_{\alpha,k}\ ,\ u_{\alpha,k} >| + \|T_\phi\|, \ \ \forall k \in \mathbb{N}.$$

On a

$$\lim_{k\to+\infty} |< \hat{\phi}(\alpha) u_{\alpha,k} - T_\phi\, u_{\alpha,k}\ ,\ u_{\alpha,k} >| \leq \lim_{k\to+\infty} \|\hat{\phi}(\alpha) u_{\alpha,k} - T_\phi\, u_{\alpha,k}\|_\delta = 0$$

et par conséquent

$$|\hat{\phi}(\alpha)| \ \leq \ \|T_\phi\|.$$

Si $\alpha \in \Omega_\delta \bigcap B_\delta^+$, en utilisant les mêmes arguments et la propriété (2.20), on a

$$|\hat{\phi}(\alpha)| \leq \|T_\phi^*\|.$$

Comme $\|T_\phi\| = \|T_\phi^*\|$, on obtient

$$|\hat{\phi}(\alpha)| \leq \|T_\phi\|, \ \ \forall \alpha \in \Omega_\delta$$

et la preuve est complète. □

Maintenant, nous allons démontrer le résultat principal de cette partie.

Preuve du Théorème 2.2. Soient δ un poids sur $\mathbb{R}^+$ et $T \in W_\delta$. Soit $(\phi_n)_{n\in\mathbb{N}} \subset C_c^\infty(\mathbb{R})$ une suite telle que $(T_{\phi_n})_{n\in\mathbb{N}}$ converge vers T pour la topologie forte des opérateurs et qui vérifie

$$\|T_{\phi_n}\| \leq k_n \|T\|, \text{ avec } k_n = \sup_{0\leq y\leq \frac{1}{n}} \widetilde{\delta^+}(y)$$

Fixons $a \in J_\delta$. Nous avons

$$|\widehat{(\phi_n)_a}(x)| = |\widehat{\phi_n}(x + ia)| \ \leq \|T_{\phi_n}\| \leq k_n \|T\|\ ,\ \forall x \in \mathbb{R}.$$

Nous pouvons extraire de $(\widehat{(\phi_n)_a})_{n\in\mathbb{N}}$ une sous-suite, qui converge pour la topologie faible* $\sigma(L^\infty(\mathbb{R}), L^1(\mathbb{R}))$ vers une fonction $\nu_a \in L^\infty(\mathbb{R})$. Pour simplifier les notations, cette sous-suite sera aussi notée $(\widehat{(\phi_n)_a})_{n\in\mathbb{N}}$. Nous avons

$$\|\nu_a\|_\infty \leq \lim_{n\to+\infty} (\sup_{0\leq t\leq \frac{1}{n}} \widetilde{\delta}^+(t)) \, \|T\|$$

et

$$\lim_{n\to+\infty} \int_{\mathbb{R}} \left(\widehat{(\phi_n)_a}(x) - \nu_a(x) \right) g(x)\, dx = 0, \ \ \forall g \in L^1(\mathbb{R}).$$

Remarquons que pour $g \in L^2(\mathbb{R})$, $f \in C_c^\infty(\mathbb{R})$,

$$\lim_{n\to+\infty} \int_{\mathbb{R}} \left(\widehat{(\phi_n)_a}(x)\widehat{(f)_a}(x) - \nu_a(x)\widehat{(f)_a}(x) \right) g(x)\, dx = 0.$$

On conclut que, pour $f \in C_c^\infty(\mathbb{R})$, $\left(\widehat{(\phi_n)_a}\widehat{(f)_a}\right)_{n\in\mathbb{N}}$ converge pour la topologie faible de $L^2(\mathbb{R})$ vers $\nu_a\widehat{(f)_a}$. Comme on a $(T_{\phi_n} f)_a = P^+((\phi_n)_a * (f)_a) = P^+\mathcal{F}^{-1}(\widehat{(\phi_n)_a}\widehat{(f)_a})$, la suite $((T_{\phi_n} f)_a)_{n\in\mathbb{N}}$ converge pour la topologie faible de $L^2(\mathbb{R})$ vers $P^+\mathcal{F}^{-1}(\nu_a\widehat{(f)_a})$. De plus, nous avons

$$\begin{aligned} &\int_{\mathbb{R}^+} |(T_{\phi_n} f)_a(x) - (Tf)_a(x)||g(x)|dx \\ &\leq C_{a,g}\|T_{\phi_n} f - Tf\|_\delta \, , \ \forall g \in C_c^\infty(\mathbb{R}), \end{aligned}$$

où $C_{a,g} > 0$ ne depend que de g et de a. Alors, nous obtenons que $\left((T_{\phi_n} f)_a\right)_{n\in\mathbb{N}}$ converge au sens des distributions vers $(Tf)_a$. Par conséquent, on conclut que

$$(Tf)_a = P^+\mathcal{F}^{-1}(\nu_a\widehat{(f)_a})$$

et $(Tf)_a \in L^2(\mathbb{R}^+)$.

Dans la suite, on suppose que $\overset{\circ}{J_\delta} \neq \emptyset$. Etant donné que $(\widehat{\phi_n})_{n\in\mathbb{N}}$ est une suite de fonctions holomorphes uniformément bornées sur $\overset{\circ}{\Omega_\delta}$, on peut remplacer $(\widehat{\phi_n})_{n\in\mathbb{N}}$ par une sous-suite qui converge uniformément sur tout compact vers une fonction $\nu \in \mathcal{H}^\infty(\overset{\circ}{\Omega_\delta})$. Ainsi, pour tout $a \in J_\delta$, la suite $(\widehat{\phi}_n(. + ia))_{n\in\mathbb{N}}$ converge vers $\nu(. + ia)$ au sens des distributions. D'un autre côté, la suite $(\widehat{(\phi_n)_a})_{n\in\mathbb{N}}$ converge vers ν_a pour la topologie $\sigma(L^1(\mathbb{R}), L^\infty(\mathbb{R}))$ et nous déduisons que pour $a \in \overset{\circ}{J_\delta}$,

$$\nu(x + ia) = \nu_a(x) \; p.p.$$

Il est clair que

$$\|\nu\|_\infty \leq \lim_{n\to+\infty} (\sup_{0\leq t\leq \frac{1}{n}} \widetilde{\delta^+}(t)) \, \|T\|.$$

Si δ est tel que $\lim_{n \to +\infty} \sup_{0 \leq t \leq \frac{1}{n}} \widetilde{\delta}^{+}(t) = 1$, on obtient $\|\nu\|_{\infty} \leq \|T\|$. Sinon nous avons $\|\nu\|_{\infty} \leq c_{\delta}\|T\|$, où c_{δ} est la constante définie dans l'introduction. Cela complète la preuve. $\square$

CHAPITRE 3

Multiplicateurs et opérateurs de Toeplitz sur les espaces de Banach de suites.

1. Introduction

Les résultats exposés dans ce chapitre sont développés dans [**26**]. Soit E un espace de Banach de suites complexes sur $\mathbb{Z}$. Nous allons noter S l'opérateur appelé le shift défini par

$$S : \mathbb{C}^{\mathbb{Z}} \ni x \longrightarrow (x(n-1))_{n\in\mathbb{Z}} \in \mathbb{C}^{\mathbb{Z}}.$$

Son opérateur inverse S^{-1} est défini par

$$S^{-1} : \mathbb{C}^{\mathbb{Z}} \ni x \longrightarrow (x(n+1))_{n\in\mathbb{Z}} \in \mathbb{C}^{\mathbb{Z}}.$$

Soit $F(\mathbb{Z})$ l'ensemble des suites dont tous les coefficients sauf un nombre fini sont nuls. Nous supposons que $F(\mathbb{Z})$ est dense dans E.

DÉFINITION 3.1. *On appelle multiplicateur sur E tout opérateur M borné sur E tel que*

$$MSa = SMa, \ \forall a \in F(\mathbb{Z}).$$

Nous désignerons par $\mathcal{M}(E)$ l'ensemble des multiplicateurs sur E.

Pour $z \in \mathbb{T} = \{z \in \mathbb{C} \mid |z| = 1\}$, posons

$$\psi_z : E \ni x \longrightarrow (x(n)z^n)_{n\in\mathbb{Z}}.$$

On remarque que si pour $z \in \mathbb{T}$, $\psi_z(E) \subset E$ et si on suppose que pour tout $n \in \mathbb{Z}$, l'application

$$p_n : E \ni x \longrightarrow x(n) \in \mathbb{C}$$

est continue, alors le théorème du graphe fermé nous donne que ψ_z est un opérateur borné sur E. Dans ce chapitre on considère des espaces de Banach vérifiant seulement les hypothèses suivantes :

(H1) $F(\mathbb{Z})$ est dense dans E et pour tout $n \in \mathbb{Z}$, p_n est continu de E dans $\mathbb{C}$.

(H2) On a $S(E) \subset E$ ou $S^{-1}E \subset E$.

(H3) On a $\psi_z(E) \subset E$, $\forall z \in \mathbb{T}$ et $\sup_{z\in\mathbb{T}} \|\psi_z\| < +\infty$.

Dans la suite, si $S(E) \subset E$, nous désignons par *spec*(S) le spectre de l'opérateur S à domaine E. Si S n'est pas borné *spec*(S) désigne le spectre de $\overline{S}$, la fermeture de $S|_{F(\mathbb{Z})}$. Rappelons que $\overline{S}$ est la plus petite extension fermée de $S|_{F(\mathbb{Z})}$. Plus précisément, son domaine est

$$D(\overline{S}) = \{x \in E,\ \exists (x_n)_{n\in\mathbb{Z}} \subset F(\mathbb{Z})\ t.q.\ x_n \longrightarrow x\ et\ Sx_n \longrightarrow y \in E\}$$

et $\overline{S}x = y$. Nous nous proposons de montrer qu'on peut associer à tout multiplicateur sur E une fonction L^∞ sur *spec*(S) qui est en plus holomorphe sur $\overset{\circ}{spec}(S)$, si $\overset{\circ}{spec}(S) \neq \emptyset$. Pour tout $k \in \mathbb{Z}$, nous appelons e_k la suite sur $\mathbb{Z}$, dont tous les coefficients sont nuls à l'exception de $e_k(k)$ qui est égal à 1. Il est clair que tout multiplicateur restreint à $F(\mathbb{Z})$ est un opérateur de convolution. En effet, pour $M \in \mathcal{M}(E)$ et $a \in F(\mathbb{Z})$, on a pour N assez grand

$$Ma = M\Big(\sum_{k=-N}^{N} a(k)e_k\Big) = M\Big(\sum_{k=-N}^{N} a(k)(S^k e_0)\Big) = \sum_{k=-N}^{N} a(k)S^k(Me_0).$$

Ainsi, on voit que pour $n \in \mathbb{Z}$,

$$(Ma)(n) = \sum_{k=-N}^{N} a(k)(M(e_0))(n-k)$$

et par conséquent

$$Ma = a * M(e_0). \tag{3.1}$$

Dans la suite nous allons noter $\widehat{M}$ la suite $M(e_0)$. On peut associer à chaque multiplicateur une série de Laurent formelle $\widetilde{M}$ définie par la formule

$$\widetilde{M}(z) = \sum_{n\in\mathbb{Z}} \widehat{M}(n)z^n,\ \forall z \in \mathbb{C}.$$

Nous allons appeler $\widetilde{M}$ le symbole de M. A tout $a \in E$, on peut aussi associer une série formelle en posant

$$\tilde{a}(z) = \sum_{n\in\mathbb{Z}} a(n)z^n,\ \forall z \in \mathbb{C}.$$

La propriété (3.1) entraîne la représentation suivante dans l'ensemble des séries de Laurent formelles dont les coefficients sont des suites dans E. On a

$$\widetilde{Ma}(z) = \widetilde{M}(z)\tilde{a}(z),\ \forall z \in \mathbb{C}.$$

Nous cherchons les valeurs de r pour lesquelles on peut donner un sens partout ou presque partout à $\widetilde{M}(re^{i\theta})$. Les résultats déjà obtenus dans ce domaine pour des espaces de Banach particuliers, nous amènent à conjecturer que même sous nos hypothèses le symbole de tout multiplicateur est une fonction L^∞ sur la frontière du spectre de S et holomorphe bornée à l'intérieur du spectre de S si ce dernier n'est pas vide. Nous allons maintenant donner un aperçu des résultats connus. Dans le cas particulier $E = l^p(\mathbb{Z})$, nous avons le résultat classique suivant.

PROPOSITION 3.1. *Soit $E = l^p(\mathbb{Z})$, où $1 \leq p < +\infty$. Alors, pour tout $M \in \mathcal{M}(E)$, $\widetilde{M} \in L^\infty(\mathbb{T})$ et on a*

$$\|\widetilde{M}\|_{L^\infty(\mathbb{T})} \leq \|M\|.$$

On rappelle que dans ce cas il est bien connu que $spec(S) = \mathbb{T}$. Pour $p = 2$, on a évidement $\|\widetilde{M}\|_{L^\infty(\mathbb{T})} = \|M\|$. Les multiplicateurs ont aussi été étudiés dans les espaces à poids. On appelle poids sur $\mathbb{Z}$ toute suite strictement positive. On associe à un poids ω les espaces

$$l^p_\omega(\mathbb{Z}) := \{(a(n))_{n\in\mathbb{Z}} \in \mathbb{C}^\mathbb{Z} \mid \sum_{n\in\mathbb{Z}} |a(n)|^p \omega(n)^p < +\infty\}$$

munis des normes

$$\|a\|_{\omega,p} = (\sum_{n\in\mathbb{Z}} |a(n)|^p \omega(n)^p)^{\frac{1}{p}},$$

pour $1 \leq p < +\infty$. Shields a démontré dans **[33]** le résultat suivant :

PROPOSITION 3.2. **(Shields 1974)** *Soit ω un poids sur $\mathbb{Z}$ tel que S et S^{-1} sont bornés sur $l^2_\omega(\mathbb{Z})$ et $\overset{\circ}{spec}(S) \neq \emptyset$. Alors pour tout $M \in \mathcal{M}(l^2_\omega(\mathbb{Z}))$, on a*

$$|\widetilde{M}(z)| = \left|\sum_{n\in\mathbb{Z}} \widehat{M}(n) z^n\right| \leq \|M\|,\ \forall z \in \overset{\circ}{spec}(S)$$

et $\widetilde{M} \in \mathcal{H}^\infty(\overset{\circ}{spec}(S))$.

L'hypothèse $\overset{\circ}{spec}(S) \neq \emptyset$ exclut une large classe d'espaces de Banach. Par exemple dans le cas particulier $l^p(\mathbb{Z})$ l'intérieur du spectre de S est vide. Cependant, ce n'est que récemment que Esterle a observé dans **[10]** que l'on a la proposition suivante.

PROPOSITION 3.3. *([**10**]) Soit* $l^2_\omega(\mathbb{Z})$ *un espace à poids tel que* S *et* S^{-1} *sont bornés et* $\frac{1}{\rho(S^{-1})} = \rho(S) = r$*, alors pour tout* $M \in \mathcal{M}(l^2_\omega(\mathbb{Z}))$*, on obtient*

$$|\widetilde{M}(rz)| \leq \|M\|, \text{ p.p. sur } \mathbb{T}.$$

Gelar considère dans [**13**] une plus large classe d'espaces de Banach à poids qui possèdent une base de Schauder. C'est une hypothèse plus forte que (H1), (H2) et (H3), comme le montre l'exemple 5, exposé ultérieurement. Le situation dans laquelle, nous nous plaçons est beaucoup plus générale. L'hypothèse (H1) est trivialement vérifiée dans les espaces de Banach dont la norme est définie par une série convergente. Quant à l'hypothèse (H3), il suffit d'avoir $\|(x(n))_{n\in\mathbb{Z}}\| = \|(|x(n)|)_{n\in\mathbb{Z}}\|$ pour qu'elle soit vérifiée. Néanmoins, il existe aussi des espaces de Banach dans lesquels $\|(x(n))_{n\in\mathbb{Z}}\| \neq \|(|x(n)|)_{n\in\mathbb{Z}}\|$ et qui vérifient pourtant (H3). Nous verrons un exemple ultérieurement. Notons $C_r = \{z \in \mathbb{C} \,|\, |z| = r\}$, pour $r > 0$. Dans ce chapitre nous allons démontrer le théorème suivant.

THÉORÈME 3.1. *Soit* E *un espace de Banach de suites sur* $\mathbb{Z}$ *vérifiant les hypothèses (H1), (H2) et (H3). Alors, on a :*

1) *Si* S *n'est pas borné, mais* S^{-1} *est borné,* $\rho(S) = +\infty$ *et si* S *est borné, alors que* S^{-1} *n'est pas borné,* $\rho(S^{-1}) = +\infty$.

2) *Nous avons* $spec(S) = \left\{\frac{1}{\rho(S^{-1})} \leq |z| \leq \rho(S)\right\}$.

3) *Soit* $M \in \mathcal{M}(E)$*. Pour* $r > 0$ *tel que* $C_r \subset spec(S)$*,* $\widetilde{M} \in L^\infty(C_r)$ *et on a* $|\widetilde{M}(z)| \leq \|M\|$*, p.p. sur* C_r.

4) *Si* $\rho(S) > \frac{1}{\rho(S^{-1})}$*,* $\widetilde{M}$ *est holomorphe sur* $\overset{\circ}{spec}(S)$.

Dans ce chapitre, nous allons aussi nous intéresser aux opérateurs de Toeplitz sur des espaces de Banach de suites sur $\mathbb{Z}^+ = \mathbb{N}$. On identifie $x \in \mathbb{C}^{\mathbb{Z}^+}$ à un élément de $\mathbb{C}^{\mathbb{Z}}$ en posant $x(n) = 0$, pour $n < 0$ et on adopte une convention analogue pour les éléments de $\mathbb{C}^{\mathbb{Z}^-}$.

Soit $F(\mathbb{Z}^+)$ (resp. $F(\mathbb{Z}^-)$) l'espace des suites sur $\mathbb{Z}^+$ (resp. $\mathbb{Z}^-$), dont tous les coefficients sauf un nombre fini sont nuls.

DÉFINITION 3.2. *Nous définissons sur* $\mathbb{C}^{\mathbb{Z}^+}$ *les opérateurs* $\mathbf{S}$ *et* $\mathbf{S}_{-1}$ *par les formules suivantes.*

$$\textit{Pour } u \in \mathbb{C}^{\mathbb{Z}^+},\ (\mathbf{S}(u))(n) = 0,\ \textit{si } n = 0 \textit{ et } (\mathbf{S}(u))(n) = u_{n-1},\ \textit{si } n \geq 1$$

$$(\mathbf{S}_{-1}(u))(n) = u_{n+1},\ \textit{pour } n \geq 0.$$

Nous allons considérer les espaces de Banach E^+ de suites sur $\mathbb{Z}^+$, vérifiant les propriétés suivantes :

($\mathcal{H}1$) L'espace $F(\mathbb{Z}^+)$ est dense dans E^+ et pour tout $n \in \mathbb{Z}^+$, l'application $p_n : x \longrightarrow x(n)$ est continue de E^+ dans $\mathbb{C}$.

($\mathcal{H}2$) On a $\mathbf{S}(E^+) \subset E^+$ ou $\mathbf{S}_{-1}(E^+) \subset E^+$.

($\mathcal{H}3$) Pour $x = (x(n))_{n\in\mathbb{Z}} \in E^+$, nous avons $\gamma_z(x) = (z^n x(n))_{n\in\mathbb{Z}} \in E^+$, pour tout $z \in \mathbb{T}$ et $\sup_{z\in\mathbb{T}} \|\gamma_z\| < +\infty$.

Nous remarquons que si $\gamma_z(x) \in E^+$, pour tout $x \in E^+$, alors $\gamma_z : E^+ \longrightarrow E^+$ est borné. Il est facile de voir que si $\mathbf{S}(E^+) \subset E^+$, alors par le théorème du graphe fermé, on obtient que $\mathbf{S}|_{E^+}$, la restriction de $\mathbf{S}$ à E^+ est un opérateur borné de E^+ dans E^+. Nous dirons que $\mathbf{S}$ (resp. $\mathbf{S}_{-1}$) est borné quand $\mathbf{S}(E^+) \subset E^+$ (resp. $\mathbf{S}_{-1}(E^+) \subset E^+$). Dans la suite, si $\mathbf{S}|_{E^+}$ (resp. $\mathbf{S}_{-1}|_{E^+}$) est borné, *spec*($\mathbf{S}$) (resp. *spec*($\mathbf{S}_{-1}$)) désigne le spectre de $\mathbf{S}|_{E^+}$ (resp. $\mathbf{S}_{-1}|_{E^+}$). Si $\mathbf{S}$ (resp. $\mathbf{S}_{-1}$) n'est pas borné, *spec*($\mathbf{S}$) (resp. *spec*($\mathbf{S}_{-1}$)) désigne le spectre de la fermeture de $\mathbf{S}|_{F(\mathbb{Z}^+)}$ (resp. $\mathbf{S}_{-1}|_{F(\mathbb{Z}^+)}$).

DÉFINITION 3.3. *Un opérateur borné sur E^+ est appelé opérateur de Toeplitz s'il vérifie l'équation fonctionnelle :*

$$(\mathbf{S}_{-1}T\mathbf{S})u = Tu,\ \forall u \in F(\mathbb{Z}^+).$$

Pour $u \in l^2(\mathbb{Z}^-) \oplus E^+$ nous introduisons

$$(P^+(u))(n) = u_n,\ \forall n \geq 0,$$

$$(P^+(u))(n) = 0,\ \forall n < 0.$$

Pour un opérateur de Toeplitz T, posons pour $n \geq 0$,

$$\widehat{T}(n) =< Te_0, e_{-n} >$$

$$\widehat{T}(-n) =< Te_n, e_0 > .$$

Il est facile de voir qu'on a

$$Tu = P^+(\widehat{T} * u),\ \forall u \in F(\mathbb{Z}^+).$$

Comme dans le cas des multiplicateurs, nous définissons formellement

$$\widetilde{T}(z) = \sum_{n\in\mathbb{Z}} \widehat{T}(n) z^n,\ \forall z \in \mathbb{C}.$$

On appelle $\widetilde{T}$ le symbole de T. En tenant compte des similitudes entre les multiplicateurs et les opérateurs de Toeplitz il est logique de s'attendre à ce que $\widetilde{T}$ soit une fonction L^∞ sur la frontière de $spec(\mathbf{S}) \cap (spec(\mathbf{S}_{-1}))^{-1}$. Il est également naturel de conjecturer que $\widetilde{T}$ est holomorphe sur l'intérieur de $spec(\mathbf{S}) \cap (spec(\mathbf{S}_{-1}))^{-1}$, si ce dernier n'est pas vide. Il est clair que si M est un multiplicateur sur $E^- \oplus E^+$, où E^- et E^+ sont des espaces de Banach de suites respectivement sur $\mathbb{Z}^-$ et $\mathbb{Z}^+$, alors P^+M est un opérateur de Toeplitz sur E^+. Cependant, malgré la richesse de la littérature sur les opérateurs de Toeplitz, il semble qu'il n'a pas été établi que tout opérateur de Toeplitz est induit par un multiplicateur sur un espace de Banach de suites sur $\mathbb{Z}$ judicieusement choisi. On ne peut donc pas appliquer directement aux opérateurs de Toeplitz les raisonnements que nous allons déployer dans le cas des multiplicateurs. Néanmoins, nous allons appliquer le même schémas de preuve en le modifiant. La principale difficulté est que $\mathbf{S}$ n'est plus un opérateur inversible d'inverse $\mathbf{S}_{-1}$. Cependant, nous allons nous servir du fait que $\mathbf{S}_{-1}\mathbf{S} = I$. On obtient le théorème suivant.

THÉORÈME 3.2. *Soit E^+ un espace de Banach de suites sur $\mathbb{Z}^+$ vérifiant les hypothèses ($\mathcal{H}1$), ($\mathcal{H}2$) et ($\mathcal{H}3$). Soit T un opérateur de Toeplitz sur E^+.*
1) *Pour $r \in \left[\frac{1}{\rho(\mathbf{S}_{-1})}, \rho(\mathbf{S})\right]$, si $\rho(\mathbf{S}) < +\infty$ ou pour $r \in \left[\frac{1}{\rho(\mathbf{S}_{-1})}, +\infty\right[$, si $\rho(\mathbf{S}) = +\infty$, on a $\widetilde{T} \in L^\infty(C_r)$ et*

$$|\widetilde{T}(z)| \leq \|T\|, \text{ p.p sur } C_r.$$

2) *Si $\mathbf{S}$ et $\mathbf{S}_{-1}$ sont bornés et si $\frac{1}{\rho(\mathbf{S}_{-1})} < \rho(\mathbf{S})$, alors la fonction $\widetilde{T} \in \mathcal{H}^\infty(\mathring{\mathbf{\Omega}})$, où*

$$\mathbf{\Omega} := \left\{z \in \mathbb{C} \mid \frac{1}{\rho(\mathbf{S}_{-1})} \leq |z| \leq \rho(\mathbf{S})\right\}.$$

3) *Si $\mathbf{S}$ n'est pas borné, mais $\mathbf{S}_{-1}$ est borné, $\widetilde{T} \in \mathcal{H}^\infty(\mathring{U})$, où*

$$U := \left\{z \in \mathbb{C} \mid \frac{1}{\rho(\mathbf{S}_{-1})} \leq |z|\right\}.$$

4) *Si $\mathbf{S}$ est borné, mais $\mathbf{S}_{-1}$ n'est pas borné, $\widetilde{T} \in \mathcal{H}^\infty(\mathring{V})$, où*

$$V := \left\{z \in \mathbb{C} \mid |z| \leq \rho(\mathbf{S})\right\}.$$

2. Exemples

Nous allons consacrer cette partie à la présentation de différentes familles d'espaces de Banach qui vérifient les hypothèses (H1), (H2) et (H3).

Exemple 1.

Soit ω un poids sur $\mathbb{Z}$. Il est très facile de voir que les espaces $l^p_\omega(\mathbb{Z})$ pour $1 \leq p < +\infty$ vérifient nos hypothèses. Nous allons donner quelques cas particuliers qui illustrent les situations suivantes : S et S^{-1} sont bornés et le spectre de S est soit une couronne d'intérieur non vide soit un cercle, un des opérateurs S et S^{-1} n'est pas borné ou tous les deux ne sont pas bornés. Quel que soit le poids ω la norme de S^k est toujours donnée par

$$\|S^k\| = \sup_{n\in\mathbb{Z}} \frac{\omega(n+k)}{\omega(n)}.$$

Dans les exemples suivants on considère $E = l^2_\omega(\mathbb{Z})$, où ω est défini comme suit.

1. Soit $\omega(n) = e^n$, $\forall n \in \mathbb{Z}$. Alors S et S^{-1} sont bornés et $\|S\| = e$, $\|S^{-1}\| = e^{-1}$, $\rho(S) = e$ et $\rho(S^{-1}) = e^{-1}$. Ainsi le spectre de S est le cercle de rayon e et il est d'intérieur vide. Dans ce cas le symbole de chaque multiplicateur est une fonction L^∞ sur ce cercle.

2. Soit $\omega(n) = e^n$, si $n > 0$ et $\omega(n) = 1$, si $n \leq 0$. Alors on a $\|S\| = e$, $\|S^{-1}\| = 1$, $\rho(S) = e$ et $\rho(S^{-1}) = 1$. Dans ce cas le spectre du shift est la couronne délimitée par les cercles de rayon respectif 1 et e.

3. Soit $\omega(n) = n!$, si $n > 1$ et $\omega(n) = 1$, sinon. Alors on voit que $\|S\| = +\infty$, $\|S^{-1}\| = 1$ et $\rho(S^{-1}) = 1$. Le spectre du shift est alors le complémentaire dans $\mathbb{C}$ du disque de centre 0 et rayon 1. Le symbole de tout multiplicateur est holomorphe sur ce domaine.

4. Posons $\omega(n) = n$, si $n \leq 1$ et $\omega(n) = 1$ sinon. Alors on a pour $k > 0$, $\|S^k\| = 1+k$ et $\|S^{-k}\| = 1$. Ainsi on obtient que $\rho(S) = e$ et $\rho(S^{-1}) = 1$. Dans cette situation on remarque que

$$\sup_{z\in spec(S)} |\widetilde{S}(z)| = \sup_{z\in spec(S)} |z| = e < \|S\|.$$

Cet exemple nous montre que l'égalité

$$\sup_{z \in spec(S)} |\widetilde{M}(z)| = \|M\|$$

qui est vérifiée par tout multiplicateur sur $l^2(\mathbb{Z})$, ne peut pas être généralisée, même dans le cas particulier des espaces $l^2_\omega(\mathbb{Z})$.

5. Soit $\omega(2n) = 1$ et $\omega(2n+1) = |n|+1$, pour tout $n \in \mathbb{Z}$. Alors on remarque que les opérateurs S et S^{-1} sont tous les deux non bornés. Nous allons examiner ce cas particulier pour voir si le Théorème 3.1 est quant même vérifié. On remarque que $\|S^2\| = 2$ et S^2 est borné. Par ailleurs on a $spec(S) = \mathbb{C}$. En effet, supposons qu'il existe $\lambda \notin spec(S)$. Posons $A = (S - \lambda I)^{-1}$. On a alors $AS - \lambda A = I$ et en multipliant cette égalité par S on trouve $AS^2 - \lambda AS = S$ et ainsi $S = AS^2 - \lambda I - \lambda^2 A$. Ceci est absurde car l'opérateur $AS^2 - \lambda I - \lambda^2 A$ est borné, alors que S ne l'est pas. Par conséquent, il est clair que $spec(S) = \mathbb{C}$. Si le Théorème 3.1 était valable, le symbole de S^2 qui est z^2 aurait été borné sur $\mathbb{C}$. Il est évident que c'est impossible. Ainsi, nous constatons que notre résultat ne peut pas être généralisé pour les espaces de Banach sur lesquels ni S ni S^{-1} ne sont bornés.

Exemple 2.
Quels que soient les poids ω_1 et ω_2, pour tous p et q tels que $1 \leq p < +\infty$, $1 \leq q < +\infty$, l'espace $l^p_{\omega_1}(\mathbb{Z}) \cap l^q_{\omega_2}(\mathbb{Z})$ muni de la norme

$$\|x\| = \max\{\|x\|_{\omega_1,p}, \|x\|_{\omega_2,q}\}$$

satisfait nos conditions (H1) et (H3).

Exemple 3.
Soit $\mathcal{K}$ une fonction convexe continue et croissante sur $\mathbb{R}^+$ telle que $\mathcal{K}(0) = 0$ et $\mathcal{K}(x) > 0$, pour $x > 0$. Par exemple, $\mathcal{K}$ peut être la fonction x^p, pour $1 \leq p < +\infty$. Des fonctions beaucoup plus compliquées comme par exemple $x^{p+sin(\log(-\log(x))}$, $p > 1 + \sqrt{2}$ vérifient aussi les conditions requises. Soit ω un poids sur $\mathbb{Z}$. Posons

$$l_{\mathcal{K},\omega}(\mathbb{Z}) = \Big\{(x(n))_{n\in\mathbb{Z}} \in \mathbb{C}^{\mathbb{Z}} \mid \sum_{n\in\mathbb{Z}} \mathcal{K}\Big(\frac{|x(n)|}{t}\Big)\omega(n) < +\infty, \text{ pour un t} > 0\Big\}$$

et

$$\|x\| = \inf\Big\{t > 0 \mid \sum_{n\in\mathbb{Z}} \mathcal{K}\Big(\frac{|x(n)|}{t}\Big)\omega(n) \leq 1\Big\}.$$

L'espace $l_{\mathcal{K},\omega}(\mathbb{Z})$, appelé espace d'Orlitz à poids ([**31**], [**23**]) est un espace de Banach vérifiant nos hypothèses (H1) et (H3). Pour que (H2) soit vérifiée il suffit que l'on ait

$$\sup_{n\in\mathbb{Z}} \frac{\omega(n+1)}{\omega(n)} < +\infty$$

ou

$$\sup_{n\in\mathbb{Z}} \frac{\omega(n-1)}{\omega(n)} < +\infty.$$

Pour plus d'informations sur ce type d'espaces le lecteur peut se reporter à [**31**] et [**23**]. Nous pouvons appliquer le Théorème 3.1 à $l_{\mathcal{K},\omega}(\mathbb{Z})$ et ainsi entre autres nous obtenons la forme exacte du spectre du shift.

Exemple 4.
Soit $(q(n))_{n\in\mathbb{Z}}$ une suite réelle telle que $q(n) \geq 1$, pour tout $n \in \mathbb{Z}$. Pour une suite $a = (a(n))_{n\in\mathbb{Z}} \in \mathbb{C}^{\mathbb{Z}}$, posons

$$\|a\|_{\{q\}} = \inf\Big\{t > 0 \mid \sum_{n\in\mathbb{Z}} \Big|\frac{a(n)}{t}\Big|^{q(n)} \leq 1\Big\}.$$

Considérons l'espace

$$l^{\{q\}}(\mathbb{Z}) = \{a \in \mathbb{C}^{\mathbb{Z}} \mid \|a\|_{\{q\}} < +\infty\}.$$

C'est un espace de Banach d'après [**6**], [**25**]. Il est évident qu'il vérifie nos hypothèses (H1) et (H3). Si S ou S^{-1} est borné sur $l^{\{q\}}(\mathbb{Z})$ le Théorème 3.1. est valable dans $l^{\{q\}}(\mathbb{Z})$.

Exemple 5.
Désignons par $C_{[0,2\pi]}$ l'espace des fonctions continues, 2π-périodiques et à valeurs complexes sur $\mathbb{R}$. Pour $f \in C_{[0,2\pi]}$, on note $\hat{f}$ la suite des coefficients de Fourier de f. Posons

$$\mathcal{C} = \{\hat{f} \mid f \in C_{[0,2\pi]}\}$$

et $\|\hat{f}\| = \|f\|_\infty$, pour $f \in C_{[0,2\pi]}$. L'hypothèse (H1) est vraie car toute fonction de $C_{[0,2\pi]}$ est la limite uniforme des moyennes de Césaro de sa série de Fourier. Ainsi, on a

$$\lim_{N\to+\infty} \Big|\frac{1}{N+1} \sum_{k=0}^{N} \sum_{n=-k}^{k} \hat{f}(n)e^{int} - f(t)\Big| = 0.$$

Vérifions (H3). Pour $\alpha \in \mathbb{R}$ et $f \in C_{[0,2\pi]}$, on a

$$\psi_{e^{i\alpha}}(\hat{f})(n) = \frac{1}{2\pi} \int_0^{2\pi} f(t) e^{in\alpha} e^{-itn} dt$$

$$= \frac{1}{2\pi} \int_0^{2\pi} f(t+\alpha) e^{-itn} dt.$$

On constate que $\psi_{e^{i\alpha}}(\hat{f})$ est la suite des coefficients de Fourier de la fonction

$$t \longrightarrow f(t+\alpha),$$

qui est dans $C_{[0,2\pi]}$. Il est évident que la norme de l'opérateur $\psi_{e^{i\alpha}}$ est égale à 1. L'hypothèse (H3) est donc vérifiée par $\mathcal{C}$. Il est aussi très facile de voir que les opérateurs S et S^{-1} sont tous les deux bornés. Notre théorème s'applique donc dans l'espace $\mathcal{C}$, qui pourtant n'a pas de base de Schauder et n'entre donc pas dans le cadre des espaces de Banach étudiés par Gellar. Nous faisons remarquer au lecteur que dans $\mathcal{C}$ il existe des suites a telle que

$$\lim_{k \to +\infty} \| \sum_{n=-k}^{k} a(n) e_n - a \| \neq 0.$$

En effet, il est bien connu qu'en général une fonction continue et 2π-périodique n'est pas la limite uniforme de sa série de Fourier. Cependant, les suites finies sont bien denses dans $\mathcal{C}$.

3. Multiplicateurs

Soit E^* l'espace dual de E. Nous allons noter $\|.\|$ la norme de E et $\|.\|_*$ la norme de E^*. Pour $y \in E^*$ et $x \in E$, on utilise la notation usuelle $< x, y >:= y(x)$. Pour $k \in \mathbb{Z}$, posons $< x, e_k >= x(-k)$. Ainsi, nous pouvons considérer que e_k est un élément de E^*. On remarque que si on pose $|||x||| = \sup_{z \in \mathbb{T}} \|\psi_z(x)\|$, nous obtenons une norme sur E équivalente à la norme $\|.\|$. L'avantage de la norme $|||.|||$ est que nous avons

$$\sup_{|||x|||=1} |||\psi_z(x)||| = 1, \; \forall z \in \mathbb{T}.$$

Par conséquent, sans perte de généralité, on peut dorénavant considérer que ψ_z est une isométrie de E dans E, quel que soit $z \in \mathbb{T}$. Nous allons prouver le lemme suivant.

LEMME 3.1. *Pour $x \in E$, on a*

$$\lim_{k\to+\infty}\Big\|\sum_{p=0}^{k}\frac{1}{k+1}\Big(\sum_{n=-p}^{p}x(n)\,e_n\Big)-x\Big\|=0.$$

Preuve. Fixons $x \in E$. La fonction

$$\Psi_x : \mathbb{T} \ni z \longrightarrow \psi_z(x) \in E$$

est continue. En effet, pour $x \in F(\mathbb{Z})$ la continuité est évidente et pour $x \in E$ quelconque elle découle immédiatement des hypothèses (H1), (H2) et (H3). Nous introduisons les noyaux de Fejer $(g_k)_{k\in\mathbb{N}} \subset L^1(\mathbb{T})$ définis par la formule

$$g_k(e^{it}) := \sum_{p=0}^{k}\frac{1}{k+1}\sum_{|m|\leq p}e^{imt}$$

$$= \frac{1}{k+1}\Big(\frac{\sin(\frac{(k+1)t}{2})}{\sin\frac{t}{2}}\Big)^2,\ \forall\, t \in \mathbb{R}.$$

Rappelons que nous avons $\|g_k\|_{L^1(\mathbb{T})} = 1$, pour $k \in \mathbb{N}$ et

$$\lim_{k\to+\infty}\int_{\delta\leq|t|\leq\pi}g_k(e^{it})dt = 0,\ \forall\delta > 0.$$

De plus, pour $|n| \leq k$,

$$\hat{g_k}(n) = \frac{1}{2\pi}\int_{-\pi}^{\pi}g_k(e^{it})e^{-int}\,dt = 1 - \frac{|n|}{k+1}$$

et pour $|n| > k$,

$$\hat{g_k}(n) = 0.$$

Grâce à la continuité de Ψ_x, nous avons

$$\lim_{k\to+\infty}\|(g_k * \Psi_x)(1) - \Psi_x(1)\| = 0.$$

Nous allons écrire ds au lieu de $dm(s)$, où m est la mesure de Haar sur $\mathbb{T}$ telle que $m(\mathbb{T}) = 1$. Pour tout $n \in \mathbb{Z}$, on a

$$\Big((g_k * \Psi)(1)\Big)(n) = \Big(\int_{\mathbb{T}}g_k(s)\psi_{s^{-1}}(x)ds\Big)(n)$$

$$= \int_{\mathbb{T}}g_k(s)s^{-n}x(n)ds = \hat{g_k}(n)x(n).$$

Ainsi, nous obtenons

$$(g_k * \Psi_x)(1) = \sum_{n=-k}^{k}\Big(1-\frac{|n|}{k+1}\Big)x(n)e_n = \sum_{p=0}^{k}\frac{1}{k+1}\Big(\sum_{n=-p}^{p}x(n)\,e_n\Big).$$

Etant donné que $\Psi_x(1) = x$, ceci complète la preuve du lemme. □
Nous aurons besoin aussi du lemme suivant.

LEMME 3.2. *Soit E un espace de Banach vérifiant les conditions (H1), (H2) et (H3). Pour $x \in E$ et $M \in \mathcal{M}(E)$, la fonction*

$$\mathcal{M}_x : \mathbb{T} \ni z \longrightarrow (\psi_z \circ M \circ \psi_{z^{-1}})(x) \in E$$

est continue.

Preuve. Fixons $x \in F(\mathbb{Z})$ et $M \in \mathcal{M}(E)$. Il est facile de voir que

$$\mathcal{M}_x(z) = (\psi_z \circ M \circ \psi_{z^{-1}})(x) = \psi_z(\widehat{M}) * x, \ \forall z \in \mathbb{T}. \tag{3.2}$$

En effet, pour un certain $k \in \mathbb{N}$ assez grand, on a

$$\Big((\psi_z \circ M \circ \psi_{z^{-1}})(x)\Big)(n) = z^n \sum_{|p|\leq k} \widehat{M}(n-p) z^{-p} x(p), \ \forall n \in \mathbb{Z}.$$

Ceci implique que pour tout $x \in F(\mathbb{Z})$, la fonction

$$\mathbb{T} \ni z \longrightarrow (\psi_z \circ M \circ \psi_{z^{-1}})(x) \in E$$

est continue. Prenant en compte la densité de $F(\mathbb{Z})$ dans E, nous déduisons que $\mathcal{M}_x$ est continue de $\mathbb{T}$ dans E, pour tout $x \in E$. □

Dans la suite, nous allons noter M_ϕ, l'opérateur de convolution par $\phi \in F(\mathbb{Z})$, si $\phi * E \subset E$. Nous avons besoin du lemme suivant.

LEMME 3.3. *Soit E un espace de Banach vérifiant les conditions (H1), (H2) et (H3). Soient $M \in \mathcal{M}(E)$, $x \in E$.*
1) *On a*

$$\lim_{k\to+\infty} \|\mathbf{M_k} x - Mx\| = 0,$$

où pour $k \in \mathbb{N}$, $\mathbf{M_k}$ est défini par la formule

$$\mathbf{M_k} = \sum_{p=0}^{k} \frac{1}{k+1}\Big(\sum_{n=-p}^{p} \widehat{M}(n)\, S^n\Big) = \sum_{n=-k}^{k}\Big(1 - \frac{|n|}{k+1}\Big)\widehat{M}(n) S^n.$$

2) *De plus, $\|\mathbf{M_k}\| \leq \|M\|$, $\forall k \in \mathbb{N}$.*
3) *Si S^{-1} n'est pas borné, mais S est borné, $\widehat{M}(n) = 0$, pour $n < 0$, alors que si S^{-1} est borné, mais S n'est pas borné, $\widehat{M}(n) = 0$, pour $n > 0$.*

Preuve. On a $\lim_{k\to+\infty}\left(1-\frac{|n|}{k+1}\right)\widehat{M}(n)=\widehat{M}(n)$, pour $n\in\mathbb{Z}$ et par conséquent l'assertion 1) découle immédiatement de la densité de $F(\mathbb{Z})$ dans E. Cependant, il est moins simple d'obtenir le contrôle de la norme de $\mathbf{M_k}$. La preuve utilise les arguments de **[33]** adaptés à notre situation qui est beaucoup plus générale. Nous allons nous servir de nouveau des noyaux de Fejer définis dans la preuve du lemme précédent. Fixons $M\in\mathcal{M}(E)$. Comme pour tout $x\in E$, la fonction $\mathcal{M}_x$ est continue de $\mathbb{T}$ dans E et $\mathcal{M}_x(1)=Mx$, nous avons

$$\lim_{k\to+\infty}\|(g_k*\mathcal{M}_x)(1)-Mx\|=0,\ \forall x\in E.$$

Maintenant, fixons $x\in F(\mathbb{Z})$. En tenant compte de (4.11), pour $k\in\mathbb{N}$, nous obtenons

$$(g_k*\mathcal{M}_x)(1)=\int_{\mathbb{T}}g_k(z)\mathcal{M}_x(z^{-1})dz$$

$$=\int_{\mathbb{T}}g_k(z)\psi_{z^{-1}}(M\psi_z(x))dz=\int_{\mathbb{T}}g_k(z)(\psi_{z^{-1}}(\widehat{M})*x)dz.$$

Cela entraîne

$$(g_k*\mathcal{M}_x)(1)=\Big(\int_{\mathbb{T}}g_k(z)\psi_{z^{-1}}(\widehat{M})dz\Big)*x.$$

Par ailleurs, on remarque que pour $|n|\leq k$, on a

$$\Big(\int_{\mathbb{T}}g_k(z)\psi_{z^{-1}}(\widehat{M})dz\Big)(n)=\int_{\mathbb{T}}g_k(z)z^{-n}\widehat{M}(n)dz$$

$$=\widehat{g_k}(n)\widehat{M}(n)=\Big(1-\frac{|n|}{k+1}\Big)\widehat{M}(n),$$

alors que pour $|n|>k$, on a

$$\Big(\int_{\mathbb{T}}g_k(z)\psi_{z^{-1}}(\widehat{M})dz\Big)(n)=0.$$

L'égalité

$$\widehat{\mathbf{M_k}}=\sum_{n=-k}^{k}\Big(1-\frac{|n|}{k+1}\Big)\widehat{M}(n)e_n,$$

implique que

$$\widehat{\mathbf{M_k}}=\Big(\int_{\mathbb{T}}g_k(z)\psi_{z^{-1}}(\widehat{M})dz\Big).$$

Maintenant, il devient facile de majorer $\|\mathbf{M_k}\|$. On a

$$\|\mathbf{M_k}a\|=\|\widehat{\mathbf{M_k}}*a\|=\Big\|\int_{\mathbb{T}}g_k(z)(\psi_{z^{-1}}(\widehat{M})*a)dz\Big\|$$

$$=\Big\|\int_{\mathbb{T}}g_k(z)(\psi_{z^{-1}}\circ M\circ\psi_z)(a)dz\Big\|$$

$$\leq \int_{\mathbb{T}} |g_k(z)| \, \|\psi_{z^{-1}}\| \|M\| \|\psi_z\| \, \|a\| dz$$

$$\leq \|M\| \|a\|, \; \forall a \in F(\mathbb{Z})$$

et la densité de $F(\mathbb{Z})$ dans E nous donne $\|\mathbf{M_k}\| \leq \|M\|$, $\forall k \in \mathbb{N}$.

Supposons que S^{-1} n'est pas borné tandis que S est borné. Fixons $k \in \mathbb{Z}$. Comme l'opérateur

$$\mathbf{M_k} = \sum_{n=-k}^{k} \Big(1 - \frac{|n|}{k+1}\Big) \widehat{M}(n) S^n$$

est borné, il est clair que $S^{k-1}\mathbf{M_k}$ est aussi un opérateur borné. Etant donné que nous avons

$$S^{k-1}\mathbf{M_k} = \Big(1 - \frac{k}{k+1}\Big) \widehat{M}(-k) S^{-1} + \sum_{n=-k+1}^{k} \Big(1 - \frac{|n|}{k+1}\Big) \widehat{M}(n) S^{n+k-1},$$

que

$$\sum_{n=-k+1}^{k} \Big(1 - \frac{|n|}{k+1}\Big) \widehat{M}(n) S^{n+k-1}$$

est borné et que S^{-1} n'est pas borné, nous concluons que $\widehat{M}(-k) = 0$. De même, en composant $\mathbf{M_k}$ et S^p, pour $p = k-2, \, k-3, \, ..., 1$, on montre que $\widehat{M}(-n) = 0$, pour $n > 0$. Si S^{-1} est borné alors que S n'est pas borné, par le même raisonnement, nous pouvons compléter la preuve du lemme. $\square$.

LEMME 3.4. *Soit E un espace de Banach vérifiant les conditions (H1), (H2) et (H3). Soit $\phi \in F(\mathbb{Z})$ tel que $\phi * E \subset E$.*

1) *Si les opérateurs S et S^{-1} sont tous les deux bornés, alors on a*

$$|\widetilde{\phi}(z)| \leq \|M_\phi\|, \; \forall z \in \Omega := \Big\{ \frac{1}{\rho(S^{-1})} \leq |z| \leq \rho(S) \Big\}.$$

2) *Si S n'est pas borné, tandis que S^{-1} est borné et si $\phi \in F(\mathbb{Z}^-)$, alors on a*

$$|\widetilde{\phi}(z)| \leq \|M_\phi\|, \; \forall z \in \mathcal{O} := \Big\{ z \in \mathbb{C} \mid |z| \geq \frac{1}{\rho(S^{-1})} \Big\}.$$

3) *Si S est borné, tandis que S^{-1} n'est pas borné et si $\phi \in F(\mathbb{Z}^+)$, nous avons*

$$|\widetilde{\phi}(z)| \leq \|M_\phi\|, \; \forall z \in \mathcal{U} := \Big\{ z \in \mathbb{C} \mid |z| \leq \rho(S) \Big\}.$$

Preuve. Supposons d'abord que S et S^{-1} sont tous les deux bornés. Soit $z \in spec(S)$. Deux cas se présentent :
1. Il existe une suite $(h_p)_{p\in\mathbb{N}} \subset E$ qui vérifie

$$\lim_{p\to+\infty}\Big\|(S-zI)h_p\Big\| = 0$$
$$\|h_p\| = 1, \ \forall p \in \mathbb{N}.$$

2. L'opérateur adjoint du shift S^* admet z pour valeur propre et donc il existe $y \in E^*\backslash\{0\}$ tel que $S^*y = zy$.
Supposons que nous sommes dans le premier cas. On remarque qu'on a

$$\lim_{p\to+\infty}\|S^k h_p - z^k h_p\| = 0, \ \forall k \in \mathbb{Z}.$$

Ainsi pour tout $\phi \in F(\mathbb{Z})$, pour $N > 0$ assez grand, on a

$$\|\phi * h_p - \widetilde{\phi}(z)h_p\| \leq \sum_{k=-N}^{N}(\sup_{|k|\leq N}|\phi(k)|)\|S^k h_p - z^k h_p\|.$$

Nous en déduisons

$$\lim_{p\to+\infty}\|\phi * h_p - \widetilde{\phi}(z)h_p\| = 0.$$

Comme

$$|\widetilde{\phi}(z)| = \|\widetilde{\phi}(z)h_p\| \leq \|\widetilde{\phi}(z)h_p - \phi * h_p\| + \|\phi * h_p\|,$$

il en découle que

$$|\widetilde{\phi}(z)| \leq \lim_{p\to+\infty}\|\tilde{\phi}(z)h_p\| \leq \|M_\phi\|.$$

Maintenant supposons qu'on est dans le deuxième cas. On a

$$M_\phi^*(y) = \sum_{n\in\mathbb{Z}}\phi(n)(S^*)^n(y)$$
$$= \sum_{n\in\mathbb{Z}}\phi(n)(z^n y) = \tilde{\phi}(z)y$$

et il est évident que

$$|\tilde{\phi}(z)| \leq \|M_\phi^*\| = \|M_\phi\|.$$

Nous concluons que pour tout $\phi \in F(\mathbb{Z})$, on a

$$|\widetilde{\phi}(z)| \leq \|M_\phi\|, \ \forall z \in spec(S).$$

Si un des opérateurs S et S^{-1} n'est pas borné, la preuve est très similaire. Si S n'est pas borné, alors que S^{-1} est borné, nous utilisons le spectre de S et les mêmes arguments. Ainsi si $\frac{1}{\rho(S^{-1})} = \rho(S)$, la preuve est achevée.

Revenons au cas où les opérateurs S et S^{-1} sont tous les deux bornés et supposons que $\frac{1}{\rho(S^{-1})} < \rho(S)$. Fixons $\phi \in F(\mathbb{Z})$. Soient $0 < R_1 < R_2$ deux réels tels que les cercles C_{R_1} et C_{R_2} de rayon respectif R_1 et R_2 appartiennent à *spec*(S). Comme la fonction $\widetilde{\phi}$ est holomorphe sur $\mathbb{C}\backslash\{0\}$ et $|\widetilde{\phi}(z)| \leq \|M_\phi\|$, pour $z \in C_{R_1} \cup C_{R_2}$, d'après le principe du maximum, on obtient

$$|\widetilde{\phi}(z)| \leq \|M_\phi\|, \ \forall z \in \Omega_{R_1,R_2} := \Big\{ z \in \mathbb{C} \mid R_1 \leq |z| \leq R_2 \Big\}.$$

Etant donné que les cercles $C_{\rho(S)}$ et $C_{\frac{1}{\rho(S^{-1})}}$ sont inclus dans *spec*(S), on a

$$|\widetilde{\phi}(z)| \leq \|M_\phi\|, \text{ pour } z \in \Omega.$$

En tenant compte du fait que si $\phi \in F(\mathbb{Z}^-)$, la fonction $z \longrightarrow \widetilde{\phi}(z^{-1})$ est holomorphe sur $\mathbb{C}$ et que si $\phi \in F(\mathbb{Z}^+)$, $\widetilde{\phi}$ est holomorphe sur $\mathbb{C}$, la preuve du lemme se complète par les mêmes arguments. $\square$

Preuve du Théorème 3.1. Supposons que S et S^{-1} sont tous les deux bornés. Soit $M \in \mathcal{M}(E)$. Nous allons utiliser la suite $(\mathbf{M_k})_{k\in\mathbb{N}}$ construite dans la preuve du Lemme 3.2. Rappelons que

$$\lim_{k\to+\infty} \|\mathbf{M_k}x - Mx\| = 0, \ \forall x \in E \tag{3.3}$$

et $\|\mathbf{M_k}\| \leq \|M\|$, $\forall k \in \mathbb{N}$. Pour alléger les notations posons $\phi_k = \widehat{\mathbf{M_k}}$, pour $k \in \mathbb{N}$, de sort que $\mathbf{M_k} = M_{\phi_k}$. Pour $r > 0$ et $a = (a(n))_{n\in\mathbb{Z}} \in E$, notons $(a)_r(n) = a(n)r^n$. On fixe $r \in [\frac{1}{\rho(S^{-1})}, \rho(S)]$. D'après le Lemme 3.4, nous avons

$$|\widetilde{(\phi_k)_r}(z)| \leq \|M_{\phi_k}\| \leq \|M\|, \ \forall z \in \mathbb{T}, \ \forall k \in \mathbb{N}.$$

Nous en déduisons que quitte à remplacer $\Big(\widetilde{(\phi_k)_r}\Big)_{k\in\mathbb{N}}$ par une suite convenable qu'on notera aussi $\Big(\widetilde{(\phi_k)_r}\Big)_{k\in\mathbb{N}}$, on obtient que $\Big(\widetilde{(\phi_k)_r}\Big)_{k\in\mathbb{N}}$ converge pour la topologie $\sigma(L^\infty(\mathbb{T}), L^1(\mathbb{T}))$ vers une fonction $\nu_r \in L^\infty(\mathbb{T})$. Plus précisément, on a

$$\lim_{k\to+\infty} \int_{\mathbb{T}} \Big(\widetilde{(\phi_k)_r}(z)g(z) - \nu_r(z)g(z)\Big)dz = 0, \ \forall g \in L^1(\mathbb{T})$$

et $\|\nu_r\|_\infty \leq \|M\|$. Il est clair que

$$\lim_{k\to+\infty} \int_{\mathbb{T}} \Big(\widetilde{(\phi_k)_r}(z)\widetilde{(a)_r}(z)g(z) - \nu_r(z)\widetilde{(a)_r}(z)g(z)\Big)dz = 0, \ \forall g \in L^2(\mathbb{T}), \ \ \forall a \in F(\mathbb{Z})$$

et par conséquent pour $a \in F(\mathbb{Z})$, $\left(\widetilde{(\phi_k)_r}\widetilde{(a)_r}\right)_{k\in\mathbb{N}}$ converge pour la topologie faible de $L^2(\mathbb{T})$ vers $\nu_r\widetilde{(a)_r}$. La transformation de Fourier de $l^2(\mathbb{Z})$ dans $L^2(\mathbb{T})$ définie par

$$\mathcal{F} : l^2(\mathbb{Z}) \ni (a(n))_{n\in\mathbb{Z}} \longrightarrow \tilde{a}|_{\mathbb{T}} \in L^2(\mathbb{T})$$

est une isométrie et donc la suite $\left((M_{\phi_k}a)_r\right)_{k\in\mathbb{N}} = \left((\phi_k)_r * (a)_r\right)_{k\in\mathbb{N}}$ converge vers $\widehat{\nu_r} * (a)_r$ pour la topologie faible de $l^2(\mathbb{Z})$. Grâce à (3.3), on trouve

$$\lim_{k\to+\infty} | < (M_{\phi_k}a)_r - (Ma)_r,\, b > | \leq \lim_{k\to+\infty} \|M_{\phi_k}a - Ma\| \; \|(b)_{r^{-1}}\|_* = 0,\ \forall b \in F(\mathbb{Z}).$$

Cela entraîne

$$(Ma)_r(n) = (\widehat{\nu_r} * (a)_r)(n),\ \forall n \in \mathbb{Z},\ \forall a \in F(\mathbb{Z}).$$

Ainsi, on montre que

$$(\widehat{M})_r * (a)_r = \widehat{\nu_r} * (a)_r, \forall a \in F(\mathbb{Z})$$

et

$$(\widehat{M})_r = \widehat{\nu_r}.$$

Par conséquent, on a

$$\widetilde{M}(rz) = \sum_{n\in\mathbb{Z}} \widehat{M}(n) r^n z^n = \sum_{n\in\mathbb{Z}} \widehat{\nu_r}(n) z^n = \nu_r(z),\ \forall z \in \mathbb{T}.$$

Comme $\|\nu_r\|_\infty \leq \|M\|$, il en découle que $\widetilde{M}$ est essentiellement borné par $\|M\|$ sur tout cercle de Ω. Si $\rho(S) = \frac{1}{\rho(S^{-1})}$, il est évident que $spec(S) = C_{\rho(S)} = \Omega$.

A partir de maintenant, nous supposons que $\rho(S) > \frac{1}{\rho(S^{-1})}$. Etant donné que $(\widetilde{\phi_k})_{k\in\mathbb{N}}$ est une suite de fonctions holomorphes uniformément bornées sur $\mathring{\Omega}$, d'après le théorème de Montel, nous pouvons en extraire une sous-suite qui converge uniformément sur tout compact de $\mathring{\Omega}$ vers une certaine fonction holomorphe ν. Nous notons cette sous-suite aussi $(\widetilde{\phi_k})_{k\in\mathbb{N}}$. Alors, pour $r \in]\frac{1}{\rho(S^{-1})}, \rho(S)[$, la suite $(\widetilde{(\phi_k)_r})_{k\in\mathbb{N}}$ converge uniformément sur $\mathbb{T}$ vers la fonction $z \longrightarrow \nu(rz)$ et nous obtenons

$$\nu(rz) = \nu_r(z).$$

Nous concluons que $\nu(rz) = \widetilde{M}(rz)$, pour $z \in \mathbb{T}$ et on a

$$\nu(z) = \widetilde{M}(z) = \sum_{n\in\mathbb{Z}} \widehat{M}(n) z^n, \text{ pour } z \in \mathring{\Omega}.$$

Par conséquent, $\widetilde{M}$ est holomorphe sur $\mathring{\Omega}$.

Maintenant, montrons que $spec(S) = \Omega$. Supposons qu'il existe $C_r \subset \Omega$ tel que C_r n'est pas inclus dans $spec(S)$. Soit $\alpha \in C_r$ tel que $\alpha \notin spec(S)$. Alors $(S - \alpha I)^{-1} \in \mathcal{M}(E)$ et pour $r > 0$, si $C_r \subset \Omega$, il existe une fonction $\nu_r \in L^\infty(\mathbb{T})$ telle que

$$\mathcal{F}\Big(((S-\alpha I)^{-1}a)_r\Big)(z) = \nu_r(z)\widetilde{(a)_r}(z),\ \forall z \in \mathbb{T},\ \forall a \in F(\mathbb{Z}).$$

En remplaçant a par $(S - \alpha I)a$, on trouve

$$\widetilde{(a)_r}(z) = \nu_r(z)\mathcal{F}\Big(((S-\alpha I)a)_r\Big)(z)$$

$$= \nu_r(z)(rz-\alpha)\widetilde{(a)_r}(z),\ \forall z \in \mathbb{T},\ \forall a \in F(\mathbb{Z}),$$

et on a $(rz - \alpha)\nu_r(z) = 1$. On a $\alpha = rz_0$, $z_0 \in \mathbb{T}$. Pour tout $\epsilon > 0$, il existe $z_\epsilon \in \mathbb{T}$ tel que $|rz_\epsilon - rz_0| \leq \epsilon$ et $|\nu_r(z_\epsilon)| \leq \|\nu_r\|_\infty$. Cela implique que $1 \leq \epsilon\|\nu_r\|_\infty$ et nous aboutissons à une contradiction. Nous en déduisons que $C_r \subset spec(S)$, $\Omega \subset spec(S)$ et donc on a $spec(S) = \Omega$.

Si nous supposons qu'un des opérateurs S et S^{-1} n'est pas borné, nous obtenons les mêmes résultats en remplaçant Ω par $\mathcal{O}$ ou $\mathcal{U}$. Pour les définitions de $\mathcal{O}$ et $\mathcal{U}$ le lecteur peut se reporter au Lemme 3.4. On remarque que quand $spec(S) = \mathcal{O}$, nous déduisons $\rho(S) = +\infty$, alors que quand $spec(S) = \mathcal{U}$, nous avons $\rho(S^{-1}) = +\infty$. □

4. Opérateurs de Toeplitz

Dans cette partie, nous démontrons le Théorème 3.2. Par le même raisonnement que dans la preuve du Lemme 3.1, pour tout $x \in E^+$, on trouve

$$\lim_{k\to+\infty}\Big\|\sum_{n=0}^{k}\frac{1}{k+1}\sum_{p=0}^{n}x(p)e_p - x\Big\| = 0.$$

Si $\phi \in F(\mathbb{Z})$ est tel que $P^+(\phi * E^+) \subset E^+$, nous notons T_ϕ l'opérateur sur E^+ défini par $T_\phi x = P^+(\phi * x)$, pour $x \in F(\mathbb{Z}^+)$. En appliquant les mêmes méthodes que celles de la section précédente, nous obtenons le résultat suivant. .

LEMME 3.5. *Soit E^+ un espace de Banach vérifiant les conditions $(\mathcal{H}1)$, $(\mathcal{H}2)$ et $(\mathcal{H}3)$.*

1) *Soit T un opérateur de Toeplitz sur E^+. Alors la suite $(\phi_n)_{n\in\mathbb{N}}$, où ϕ_n est définie par la formule*

$$\phi_n = \sum_{p=0}^{n} \frac{1}{n+1}\Big(\sum_{k=-p}^{p} \widehat{T}(k)e_k\Big)$$

vérifie les propriétés

$$\lim_{n\to+\infty} \|T_{\phi_n}x - Tx\|,\ \forall x \in E^+,$$

et

$$\|T_{\phi_n}\| \leq \|T\|,\ \forall n \in \mathbb{N}.$$

2) *Si $\mathbf{S}$ est borné, alors que $\mathbf{S}_{-1}$ n'est pas borné, $\widehat{T}(k) = 0$, pour $k < 0$.*

3) *Si $\mathbf{S}$ n'est pas borné, mais $\mathbf{S}_{-1}$ est borné, $\widehat{T}(k) = 0$, pour $k > 0$.*

LEMME 3.6. *Soit E^+ un espace de Banach vérifiant les conditions $(\mathcal{H}1)$, $(\mathcal{H}2)$ et $(\mathcal{H}3)$.*

1) *Si $\mathbf{S}$ et $\mathbf{S}_{-1}$ sont bornés, pour tout $\phi \in F(\mathbb{Z})$, nous avons*

$$|\widetilde{\phi}(z)| \leq \|T_\phi\|,\ \forall z \in \mathbf{\Omega} := \Big\{z \in \mathbb{C} \mid \frac{1}{\rho(\mathbf{S}_{-1})} \leq |z| \leq \rho(\mathbf{S})\Big\}.$$

2) *Si $\mathbf{S}$ n'est pas borné, alors que $\mathbf{S}_{-1}$ est borné, pour $\phi \in F(\mathbb{Z}^-)$, nous avons*

$$|\widetilde{\phi}(z)| \leq \|T_\phi\|,\ \forall z \in V := \Big\{z \in \mathbb{C} \mid \frac{1}{\rho(\mathbf{S}_{-1})} \leq |z|\Big\}.$$

3) *Si $\mathbf{S}$ est borné, mais $\mathbf{S}_{-1}$ n'est pas borné, pour tout $\phi \in F(\mathbb{Z}^+)$, nous avons*

$$|\widetilde{\phi}(z)| \leq \|T_\phi\|,\ \forall z \in U := \Big\{z \in \mathbb{C} \mid |z| \leq \rho(\mathbf{S})\Big\}.$$

Preuve du Lemme 3.6. Nous exposons seulement la preuve de 1). Les preuves de 2) et 3) emploient les mêmes arguments. Supposons que $\mathbf{S}$ et $\mathbf{S}_{-1}$ sont bornés. Soit

$$\lambda \in spec(\mathbf{S}) \cap (spec(\mathbf{S}_{-1}))^{-1}.$$

Comme $\lambda \in spec(\mathbf{S})$, il existe une suite $(f_n)_{n\in\mathbb{N}}$, $f_n \in E^+$ telle que

$$\lim_{n\to+\infty} \|\mathbf{S}f_n - \lambda f_n\| = 0 \text{ et } \|f_n\| = 1,\ \forall n \in \mathbb{N} \tag{3.4}$$

ou bien il existe

$$a \in E^{+*}\backslash\{0\},\ \mathbf{S}^*a = \lambda a. \tag{3.5}$$

Si on a (3.4), alors on obtient

(3.6) $$\lim_{n\to+\infty} \|\mathbf{S}^k f_n - \lambda^k f_n\| = 0,\ \forall k \in \mathbb{N}.$$

On a

$$\lim_{n\to+\infty} \|\mathbf{S}_{-1}^k f_n - \lambda^{-k} f_n\|$$

$$\leq \lim_{n\to+\infty} \|\mathbf{S}_{-1}^k\| |\lambda^{-k}| \|\lambda^k f_n - \mathbf{S}^k f_n\| = 0,\ \forall k \in \mathbb{N}.$$

Comme $\lambda^{-1} \in spec(\mathbf{S}_{-1}^*)$, il existe une suite $(g_n)_{n\in\mathbb{N}}$, $g_n \in E^{+*}$ qui vérifie

(3.7) $$\lim_{n\to+\infty} \|\mathbf{S}_{-1}^* g_n - \lambda^{-1} g_n\|_* = 0 \text{ et } \|g_n\|_* = 1,\ \forall n \in \mathbb{N}$$

ou bien il existe

(3.8) $$b \in E^+\backslash\{0\},\ (\mathbf{S}_{-1}^*)^* b = \mathbf{S}_{-1} b = \lambda^{-1} b.$$

Si (3.7) est vérifié alors, on trouve

(3.9) $$\lim_{n\to+\infty} \|(\mathbf{S}^*)^k g_n - \lambda^k g_n\|_* = 0 \text{ et } \lim_{n\to+\infty} \|(\mathbf{S}_{-1}^*)^k g_n - \lambda^{-k} g_n\|_* = 0,\ \forall k \in \mathbb{N}.$$

On voudrait avoir (3.6) ou (3.9). Pour s'assurer qu'au moins une de ces propriétés est vraie il suffit de montrer que (3.5) et (3.8) s'excluent mutuellement. Supposons que nous ayons simultanément (3.5) et (3.8). Soit $a \in E^{+*}\backslash\{0\}$ tel que $\mathbf{S}^*(a) = \lambda a$ et soit $b \in E^+\backslash\{0\}$ tel que $\mathbf{S}_{-1} b = \lambda^{-1} b$. Pour $u \in E^{+*}$ et $n \geq 0$, posons

$$u(-n) = < e_n, u > = < \mathbf{S}^n e_0, u > = < e_0, \mathbf{S}^{*n} u > .$$

Comme $F(\mathbb{Z}^+)$ est dense dans E^+, l'application

$$u \longrightarrow (u(-n))_{n\geq 0}$$

est injective. On a

$$a(-n) = \lambda^n a(0),\ \ n \geq 0$$

et

$$b(n)\lambda^n = b(0),\ n \geq 0.$$

Comme $a \neq 0$ et $b \neq 0$, nous avons $a(0) \neq 0$, $b(0) \neq 0$. Pour $k \in \mathbb{N}$, définissons $u_k \in F(\mathbb{Z}^+)$ par

$$u_k = \sum_{n=0}^{k} \frac{1}{k+1} \sum_{p=0}^{n} b(p) e_p = \sum_{n=0}^{k} \Big(1 - \frac{n}{k+1}\Big) b(n) e_n.$$

Nous trouvons $\lim_{k\to+\infty} \|u_k - b\| = 0$ et par conséquent $\lim_{k\to+\infty} < u_k, a >=< b, a >$. Par ailleurs, on a

$$\lim_{k\to+\infty} < u_k, a >= \lim_{k\to+\infty} \sum_{n=0}^{k} \Big(1 - \frac{n}{k+1}\Big) b(n)a(-n)$$

$$= \lim_{k\to+\infty} \sum_{n=0}^{k} \Big(1 - \frac{n}{k+1}\Big) \lambda^{-n} b(0) \lambda^{n} a(0)$$

$$= \lim_{k\to+\infty} \Big(\frac{k}{2} + 1\Big) a(0)b(0) = +\infty.$$

Ceci est absurde et nous concluons que les propriétés (3.5) et (3.8) sont incompatibles et donc nous avons obligatoirement (3.6) ou (3.9). Ainsi, nous pouvons appliquer les mêmes arguments que ceux de la preuve du Lemme 3.6 et nous en déduisons que

$$|\widetilde{\phi}(\lambda)| \leq \|T_\phi\|, \ \forall \phi \in F(\mathbb{Z}), \ \forall \lambda \in spec(\mathbf{S}) \cap (spec(\mathbf{S}_{-1}))^{-1}.$$

En utilisant le principe du maximum, nous trouvons

$$|\widetilde{\phi}(\lambda)| \leq \|T_\phi\|, \ \forall \phi \in F(\mathbb{Z}), \ \forall \lambda \in \mathbf{\Omega}. \tag{3.10}$$

Si $\mathbf{S}$ est borné, mais $\mathbf{S}_{-1}$ n'est pas borné, quel que soit $\lambda \in spec(\mathbf{S})$ il existe une suite $(h_n)_{n\in\mathbb{N}}$, $h_n \in E^+$ telle que $\lim_{n\to+\infty} \|\mathbf{S}h_n - \lambda h_n\| = 0$ et $\|h_n\| = 1$ ou bien il existe $c \in E^{+*}\backslash\{0\}$ tel que $\mathbf{S}^* c = \lambda c$. De même que dans la preuve du Lemme 3.4, on montre que

$$|\widetilde{\phi}(\lambda)| \leq \|T_\phi\|, \ \forall \phi \in F(\mathbb{Z}^+), \ \forall \lambda \in spec(\mathbf{S}).$$

Si $\mathbf{S}_{-1}$ est borné, nous utilisons le spectre de $\mathbf{S}_{-1}$ et la même méthode. Dans les deux cas, nous concluons en nous servant du principe du maximum. □

Maintenant nous avons tous les outils nécessaires pour exposer la preuve du Théorème 3.2.

Preuve du Théorème 3.2. La preuve utilise les mêmes arguments que la preuve du Théorème 3.1. Néanmoins, quelques modifications s'imposent et nous allons donner les principales étapes. D'abord, supposons que $\mathbf{S}$ et $\mathbf{S}_{-1}$ sont tous les deux bornés. Soient T un opérateur de Toeplitz sur E^+ et $(\phi_k)_{k\in\mathbb{N}} \subset F(\mathbb{Z})$ une suite qui vérifie

$$\lim_{k\to+\infty} \|T_{\phi_k} a - Ta\| = 0, \ \forall a \in E^+$$

et

$$\|T_{\phi_k}\| \leq \|T\|, \ \forall k \in \mathbb{N}.$$

Pour $r > 0$ et $a \in E^+$, notons $(a)_r(n) = a(n)r^n$. Fixons $r \in [\frac{1}{\rho(\mathbf{S}_{-1})}, \rho(\mathbf{S})]$. Nous avons grâce au lemme précédent

$$|\widetilde{(\phi_k)_r}(z)| \leq \|T_{\phi_k}\| \leq \|T\|, \; \forall z \in \mathbb{T}, \; \forall k \in \mathbb{N}.$$

Il est donc possible d'extraire de $\left(\widetilde{(\phi_k)_r}\right)_{k\in\mathbb{N}}$ une sous-suite qui converge pour la topologie $\sigma(L^\infty(\mathbb{T}), L^1(\mathbb{T}))$ vers une certaine fonction $\nu_r \in L^\infty(\mathbb{T})$. Pour alléger les notations cette sous-suite sera aussi notée $\left(\widetilde{(\phi_k)_r}\right)_{k\in\mathbb{N}}$. Cela entraîne que, pour $a \in F(\mathbb{Z})$, $\left(\widetilde{(\phi_k)_r}\widetilde{(a)_r}\right)_{k\in\mathbb{N}}$ converge pour la topologie faible de $L^2(\mathbb{T})$ vers $\nu_r\widetilde{(a)_r}$. Désignons par $\widehat{\nu_r} = (\widehat{\nu_r}(n))_{n\in\mathbb{Z}}$ la suite des coefficients de Fourier de ν_r. La transformation de Fourier étant une isométrie de $l^2(\mathbb{Z})$ dans $L^2(\mathbb{T})$, la suite $\left((\phi_k)_r * (a)_r\right)_{k\in\mathbb{N}}$ converge vers $\widehat{\nu_r} * (a)_r$ pour la topologie faible de $l^2(\mathbb{Z})$. D'un autre côté, $\left(T_{\phi_k} a\right)_{k\in\mathbb{N}}$ converge vers Ta pour la topologie de E^+. Par conséquent, nous avons

$$\lim_{k\to+\infty} |(T_{\phi_k}a)_r(n) - (Ta)_r(n)|$$
$$\leq \lim_{n\to+\infty} r^n |T_{\phi_k}(a)(n) - T(a)(n)| = 0, \; \forall n \in \mathbb{N}, \; \forall a \in F(\mathbb{Z}^+).$$

On conclut que

$$(Ta)_r = P^+(\widehat{\nu_r} * (a)_r), \; \forall a \in F(\mathbb{Z}^+).$$

Comme

$$(Ta)_r = P^+((\widehat{T} * a)_r), \; \forall a \in F(\mathbb{Z}^+),$$

on obtient $\widehat{T}(n)r^n = \widehat{\nu_r}(n)$, $\forall n \in \mathbb{Z}$. L'estimation $\|\nu_r\|_\infty \leq \|T\|$ implique que la fonction $\widetilde{T}$ est essentiellement bornée par $\|T\|$ sur chaque cercle inclus dans $\mathbf{\Omega}$.

Si nous supposons que $\rho(\mathbf{S}) > \frac{1}{\rho(\mathbf{S}_{-1})}$, de même que dans la preuve du Théorème 3.1, on démontre que la fonction $\widetilde{T}$ est holomorphe sur $\mathring{\mathbf{\Omega}}$.

En remplaçant $\mathbf{\Omega}$ soit par U soit par V et en se servant des mêmes arguments, on obtient les résultats si $\mathbf{S}$ ou $\mathbf{S}_{-1}$ n'est pas borné. □

CHAPITRE 4

Multiplicateurs sur les espaces de Banach de fonctions sur un groupe localement compact abélien

1. Rappels sur les groupes localement compacts

On dit qu'un groupe topologique abélien G est localement compact si G en tant qu'espace topologique est localement compact, ce qui équivaut au fait que l'unité de G possède un voisinage compact. Le groupe dual d'un groupe G localement compact abélien (LCA), i.e. l'ensemble des morphismes continus de G dans

$$\mathbb{T} =: \{z \in \mathbb{C}, \mid |z| = 1\},$$

noté $\widehat{G}$ est aussi un groupe LCA pour la topologie de la convergence uniforme sur tout compact. Par exemple, on a $\widehat{\mathbb{R}} = \mathbb{R}$, $\widehat{\mathbb{Z}} = \mathbb{T}$ et le groupe dual de tout groupe discret est compact. De plus, on a $\widehat{\widehat{G}} = G$ et $\widehat{G_1 \times G_2} = \widehat{G_1} \times \widehat{G_2}$, si G_1, G_2 et G sont des groupes LCA. Nous avons le théorème de structure suivant (voir **[36]** p.110).

THÉORÈME 4.1. *i) Tout groupe abélien localement compact G est de la forme $\mathbb{R}^p \times G_1$, G_1 étant un groupe qui contient un sous-groupe compact H tel que G_1/H soit discret.*
ii) Tout groupe abélien localement compact et connexe est de la forme $\mathbb{R}^p \times H$, où H est un groupe compact et connexe.

On note $C(G)$ (resp. $C_0(G)$) l'espace des fonctions continues sur G (resp. l'espace des fonctions continues sur G qui convergent vers 0 à l'infini), avec la convention $C_0(G) = C(G)$ si G est compact). On normalise les mesures de Haar dx sur G et $d\chi$ sur $\widehat{G}$ (c'est à dire les mesures invariantes par translation) de façon à obtenir la formule d'inversion de Fourier sous la forme

$$g(x) = \int_{\widehat{G}} \mathcal{F}(g)(\chi)\chi(x)d\chi, \ \ p.p. \text{ sur } G,$$

pour $g \in L^1(G)$, $\mathcal{F}(g) \in L^1(\widehat{G})$, où

$$\mathcal{F} : L^1(G) \longrightarrow C_0(\widehat{G})$$

est définie par la formule usuelle

$$\mathcal{F}(g)(\chi) = \int_G g(x)\chi^{-1}(x)dx, \ p.p. \ \forall g \in L^1(G).$$

Dans ce cas la transformation de Fourier $\mathcal{F} : L^2(G) \longrightarrow L^2(\widehat{G})$ est unitaire. La transformée de Fourier d'une fonction f sera souvent notée $\hat{f}$.

2. Topologie de $C_c(G)$

On note $\mathcal{K}$ l'ensemble des sous-ensembles compacts de G. Pour $K \in \mathcal{K}$, on pose

$$C_K(G) = \{f \in C(G) \mid supp(f) \subset K\}.$$

On a

$$C_K(G) \approx \{f \in C(K) \mid f|_{Fr(K)} = 0\},$$

où $Fr(K)$ désigne la frontière de K. Posons

$$C_c(G) = \cup_{K \in \mathcal{K}} C_K(G)$$

et

$$\|f\|_\infty = \max_{x \in G} |f(x)|, \ \forall f \in C_c(G).$$

Alors $(C_K(G), \|.\|_\infty)$ est une algèbre de Banach pour tout $K \in \mathcal{K}$. On munit $C_c(G)$ de sa topologie inductive localement convexe naturelle, c'est à dire de la topologie localement convexe la plus fine pour laquelle l'injection

$$i_K : C_K(G) \longrightarrow C_c(G)$$

est continue pour tout $K \in \mathcal{K}$. Cette topologie est caractérisée par le fait qu'une application linéaire

$$\phi : C_c(G) \longrightarrow F$$

dans un espace vectoriel F localement convexe est continue si et seulement si $\phi|_{C_K(G)}$ est continue pour tout $K \in \mathcal{K}$.
Rappelons qu'une partie B d'un espace vectoriel topologique E est dite bornée si pour tout voisinage V de 0 il existe $\lambda > 0$ tel que $\lambda B \subset V$. Si E et F sont deux espaces vectoriels topologiques, on dit qu'une application linéaire

$$\phi : E \longrightarrow F$$

est bornée si $\phi(B)$ est un borné de F pour tout borné B de E. Toute application linéaire ϕ continue de E dans F est bornée mais la réciproque est en général fausse. De même si $\phi : E \longrightarrow F$ est continue, alors ϕ est séquentiellement continue, mais la réciproque est fausse en général. Cependant ces deux réciproques sont trivialement vraies si E est normé, ce qui donne le résultat bien connu suivant.

PROPOSITION 4.1. *Soit E un espace localement convexe, et soit $\phi : C_c(G) \longrightarrow E$ une application linéaire. Alors les conditions suivantes sont équivalentes.*
(1) ϕ est bornée.
(2) ϕ est séquentiellement continue.
(3) ϕ est continue.

Preuve. On sait que (1) et (2) sont des conséquences de (3). Supposons que (1) est vérifié. Soit $K \in \mathcal{K}$. Comme $i_K : C_K(G) \longrightarrow C_c(G)$ est continue, elle est bornée. Donc $\phi \circ i_K$ est bornée donc continue pour tout K et ϕ est continue. De même, si (2) est vérifiée, alors $\phi \circ i_K$ est séquentiellement continue, donc continue pour tout $K \in \mathcal{K}$ et ϕ est continue. □

On remarque que dans la proposition ci-dessus, on ne considère à priori que des bornés particuliers de $C_c(G)$, c'est à dire les ensembles de la forme $i_K(B)$, où B est un borné de $C_K(G)$. De même, on ne considère à priori que des suites convergentes particulières d'éléments de $C_c(G)$, c'est à dire les suites de la forme $(i_K(f_n))_{n\geq 1}$, où (f_n) est une suite convergente d'éléments de $C_K(G)$ avec $K \in \mathcal{K}$. Pour le confort du lecteur nous allons montrer dans l'annexe 1 que les bornés de $C_c(G)$ et les suites convergentes d'éléments de $C_c(G)$ sont de la forme ci-dessus. Ces résultats sont certainement bien connus, mais nous n'avons pas pu trouver de référence précise dans la littérature pour les groupes non σ-compacts.

3. Motivation et présentation du problème

Soit $L^1_{loc}(G)$ l'espace des fonctions mesurables à valeurs complexes sur G telles que $f|_K$ soit intégrable pour la mesure de Haar sur tout compact $K \subset G$. Pour $x \in G$, soit S_x l'opérateur défini sur $L^1_{loc}(G)$ par

$$S_x f(y) = f(y - x), \ p.p.$$

Pour $\chi \in \widehat{G}$, on note Γ_χ l'opérateur

$$L^1_{loc}(G) \ni f \longrightarrow \chi f.$$

Soit $E \subset L^1_{loc}(G)$ un espace de Banach, et supposons que l'application identité

$$i : E \longrightarrow L^1_{loc}(G)$$

soit continue. D'après le théorème du graphe fermé si $S_x(E) \subset E$, pour $x \in G$, l'opérateur S_x est borné de E dans E. De même, si $\Gamma_\chi(E) \subset E$, avec $\chi \in \widehat{G}$, l'opérateur Γ_χ est un opérateur borné de E dans E. Nous allons considérer des espaces de Banach E satisfaisant les conditions suivantes :

(H1) $C_c(G) \subset E \subset L^1_{loc}(G)$, les deux inclusions étant continues, et $C_c(G)$ est dense dans E.

(H2) Pour tout $x \in G$, $S_x(E) \subset E$ et $\sup_{x\in K} \|S_x\| < +\infty$, pour tout compact $K \subset G$.

(H3) Pour tout $\chi \in \widehat{G}$, $\Gamma_\chi(E) \subset E$ et $\sup_{\chi\in\widehat{G}} \|\Gamma_\chi\| < +\infty$.

Posons $|||f||| = \sup_{\chi\in\widehat{G}} \|\Gamma_\chi f\|$, pour $f \in E$. La norme $|||.|||$ est équivalente à la norme de E et sans perte de généralité, on peut considérer dans la suite que Γ_χ est une isométrie sur E pour tout $\chi \in \widehat{G}$.
Notons que si condition (H2) est vérifiée, pour que l'inclusion $E \subset L^1_{loc}(G)$ soit continue il suffit qu'il existe un voisinage compact K de l'unité tel que

$$\int_K |f(x)|dx \leq C_K \|f\|_E, \; \forall f \in C_c(G), \tag{4.1}$$

avec $C_K > 0$ (la condition est évidemment nécessaire). En effet un argument de densité montre que si l'inégalité ci-dessus est vérifiée pour tout $f \in C_c(G)$, elle est vraie sur E. Soit V un voisinage de l'unité compact vérifiant (4.1).

Pour tout K compact de G, il existe $x_1, ..., x_k \in K$ tels que $K \subset \cup_{1\leq j\leq k} x_j + V$ et on a pour tout $f \in E$,

$$\int_K |f(x)|dx \leq \sum_{1\leq j\leq k} \int_{x_j+V} |f(x)|dx$$

$$= \sum_{1\leq j\leq k} \int_V |f(s+x_j)|ds = \sum_{1\leq j\leq k} \int_V |(S_{-x_j} f)(s)|ds \leq C_V \sum_{1\leq j\leq k} \|S_{-x_j}\| \, \|f\|_E.$$

DÉFINITION 4.1. *On appelle multiplicateur sur E tout opérateur linéaire borné*

$$M : E \longrightarrow E$$

tel que

$$S_x M = M S_x, \ \forall x \in G.$$

L'algèbre des multiplicateurs sur E sera notée $\mathcal{M}(E)$.

Soit $B(E)$ l'algèbre fermée engendrée par $\{S_x\}_{x\in G}$. On désignera par $\widehat{\mathcal{A}}$, l'ensemble des caractères d'une algèbre de Banach $\mathcal{A}$. On note $\sigma(\{S_x\}_{x\in G})$ le spectre simultané de la famille $\{S_x\}_{x\in G}$ défini par

$$\sigma(\{S_x\}_{x\in G}) = \{(\gamma(S_x))_{x\in G}, \ \gamma \in \widehat{B(E)}\}.$$

Dans le cas particulier $E = L^p(G)$, pour $1 \leq p < \infty$, il est bien connu **[22]** que pour tout $M \in \mathcal{M}(E)$, il existe $h_M \in L^\infty(\widehat{G})$ tel que $\|h_M\|_\infty \leq \|M\|$ et on a

$$\widehat{Mf} = h_M \widehat{f}, \ \forall f \in C_c(G). \tag{4.2}$$

La fonction h_M est appelée le symbole de M et l'application $M \longrightarrow h_M$ est une isométrie de $\mathcal{M}(E)$ sur $L^\infty(\widehat{G})$ si $E = L^2(G)$.

Soit $\widetilde{G}$ l'ensemble des morphismes continus de G dans $\mathbb{C}^*$ et soit $\widetilde{G^+}$ l'ensemble des morphismes continus de G dans $\mathbb{R}^+ = [0, +\infty[$. On munit $\widetilde{G}$ de la topologie caractérisée par la base de voisinages de l'unité :

$$W(V, K) = \{\theta \in \widetilde{G} \mid \theta^{-1}(K) \subset V\}.$$

Ici V et K parcourent respectivement l'ensemble des voisinages de l'unité de $\mathbb{C}^*$ et l'ensemble des voisinages compacts de l'unité de G. Il est facile de voir que $\widetilde{G}$ muni de cette topologie est un groupe topologique. On remarque que pour $f \in C_c(G)$ et $\theta \in \widetilde{G}$, l'intégrale

$$\int_G f(x)\theta^{-1}(x)dx$$

est bien définie. Pour $f \in C_c(G)$, on pose $\tilde{f}(\theta) = \int_G f(x)\theta^{-1}(x)dx$, pour tout $\theta \in \widetilde{G}$. On remarque que $\tilde{f}|_{\widehat{G}} = \hat{f}$ et $\tilde{f}$ est "la transformée de Fourier généralisée" de f définie sur $\widetilde{G}$. On va rechercher un sous-espace $\widetilde{G_E}$ de $\widetilde{G}$ tel que pour tout $M \in \mathcal{M}(E)$ et pour tout $f \in C_c(G)$ la fonction $(Mf)\theta^{-1}$ appartienne à $L^2(G)$ pour tout $\theta \in \widetilde{G_E}$. Ceci permettra de définir de manière naturelle la "transformée de Fourier généralisée" de Mf sur $\widetilde{G_E}$. En tenant compte des arguments de **[28]** et **[26]**, un candidat naturel est l'ensemble

$$\widetilde{G_E} = \{\theta \in \widetilde{G} \mid |\tilde{f}(\theta)| \leq \|M_f\|, \ \forall f \in C_c(G)\},$$

où $M_f \in \mathcal{M}(E)$ est l'opérateur de convolution

$$E \ni g \longrightarrow f * g$$

(voir le début de Section 2). Nous allons voir ultérieurement que $\widetilde{G_E}$ n'est pas vide. Il est évident que $\chi\widetilde{G_E} = \widetilde{G_E}$ pour tout $\chi \in \widehat{G}$. Notons que si G est un groupe compact, alors l'image de $|\theta|$ est le sous-groupe compact trivial de $\mathbb{R}^+$ pour tout $\theta \in \widetilde{G_E}$ et donc $\widetilde{G_E} = \widehat{G}$. On remarque que si $x_1, ..., x_n \in G$ sont "indépendants", i.e. si le système $\chi(x_i) = \epsilon_i$, $1 \leq i \leq n$ a une solution χ dans $\widehat{G}$ pour tout $(\epsilon_1, ..., \epsilon_n) \in \mathbb{T}^n$ alors l'ensemble

$$\{(\theta(x_1), ..., \theta(x_n)),\ \theta \in \widetilde{G_E}\}$$

est un domaine de Reinhardt (voir l'annexe 2 de ce chapitre). Posons $\widetilde{G_E^+} = \widetilde{G_E} \cap \widetilde{G^+}$. Il est clair que si $\theta \in \widetilde{G_E}$, alors

$$|\theta| : G \ni x \longrightarrow |\theta(x)|$$

appartient à $\widetilde{G_E^+}$. Il est clair que $\widetilde{G_E} = \widetilde{G_E^+}\widehat{G}$.

Définition 4.2. *On dira qu'un ensemble $\mathcal{C}$ de fonctions sur G à valeurs dans $\mathbb{R}^*$ est log-convexe si la fonction*

$$G \ni x \longrightarrow \phi(x)^\lambda \psi(x)^{1-\lambda} \in \mathbb{R}$$

appartient à $\mathcal{C}$ pour tout $\lambda \in [0, 1]$.

Nous prouverons le théorème suivant.

Théorème 4.2. *Soit E un espace de Banach vérifiant les hypothèses (H1), (H2) et (H3).*
i) L'ensemble $\widetilde{G_E^+}$ est non vide, compact et log-convexe.
ii) Nous avons

$$\widetilde{G_E} = \{\theta \in \widetilde{G} \mid |\theta^{-1}(x)| \leq \sup_{\eta \in \widetilde{G_E}} \eta(x)^{-1},\ \forall x \in G\}. \tag{4.3}$$

On va voir que quand G est un groupe discret on a

$$\widetilde{G_E} = \{\theta \in \widetilde{G} \mid |\theta^{-1}(x)| \leq \rho(S_x),\ \forall x \in G\}, \tag{4.4}$$

ce qui est aussi évident quand G est compact. Nous conjecturons que la formule (4.4) est vraie pour tout groupe LCA.

Soit U un ouvert de $\mathbb{C}^p$. Une fonction

$$\Pi : U \ni \lambda \longrightarrow \Pi(\lambda) \in \widetilde{G}$$

sera dite analytique sur U, si pour tout $x \in G$, la fonction

$$U \ni \lambda \longrightarrow \Pi(\lambda)(x) \in \mathbb{C}$$

est analytique sur U. On note d la mesure discrète sur $\widetilde{G_E^+}$. Nous obtenons le résultat suivant.

THÉORÈME 4.3. *Soit E un espace de Banach vérifiant les hypothèses (H1), (H2) et (H3).*
i) Soient $M \in \mathcal{M}(E)$ et $\theta \in \widetilde{G_E}$. Pour tout $f \in C_c(G)$, $(Mf)\theta^{-1} \in L^2(G)$. Posons pour tout $\delta \in \widetilde{G_E^+}$ et pour presque tout $\chi \in \widehat{G}$,

$$\widetilde{Mf}(\delta\chi) = (\widehat{Mf)\delta^{-1}}(\chi).$$

Alors il existe une fonction $h_M \in L^\infty(\widetilde{G_E}, d \otimes m)$ telle que

$$\widetilde{(Mf)} = h_M \tilde{f}, \, \forall f \in C_c(G)$$

et $\|h_M\|_\infty \leq C\|M\|$, où C est une constante ne dépendant pas de M.
ii) Soit U un ouvert de $\mathbb{C}^p$. Soit $\Pi : U \longrightarrow \widetilde{G_E}$ une fonction analytique. Il existe une fonction $H_{M,\Pi} \in L^\infty(\widehat{G}, \mathcal{H}^\infty(U))$ telle que pour tout $\lambda \in U$ pour presque tout $\chi \in \widehat{G}$,

$$\widetilde{Mf}\Big(\Pi(\lambda)\chi\Big) = H_{M,\Pi}(\chi)(\lambda)\tilde{f}\Big(\Pi(\lambda)\chi\Big), \, \forall f \in C_c(G).$$

Nous allons maintenant donner quelques interprétations du Théorème 4.3. Posons

$$L = \{z \in \mathbb{C} \mid \operatorname{Re} z \in [0, 1]\}.$$

Fixons ϕ et $\psi \in \widetilde{G_E^+}$. Supposons que $\phi \neq \psi$. La fonction

$$\Pi : L \ni \lambda \longrightarrow \phi^\lambda \psi^{1-\lambda}$$

est analytique sur $\overset{\circ}{L}$. Ceci montre que le Théorème 4.3 ii) donne des propriétés d'analyticité de h_M dès que $\widetilde{G_E^+}$ n'est pas un singleton même si $\widetilde{G_E}$ a un intérieur vide dans $\widetilde{G}$. Posons

$$\Omega_{\phi,\psi} = \Pi(L).$$

On voit que pour $\theta = \phi^\lambda \psi^{1-\lambda} \in \Omega_{\phi,\psi}$, avec $\lambda \in \delta$, on a la représentation

$$\theta(x) = \phi(x)^{\operatorname{Re}\lambda} \psi(x)^{1-\operatorname{Re}\lambda} \times e^{i \operatorname{Im}\lambda \ln \frac{\phi(x)}{\psi(x)}}, \, \forall x \in G.$$

Introduisons le morphisme

$$\gamma : G \ni x \longrightarrow e^{i \ln \frac{\phi(x)}{\psi(x)}} \in \mathbb{T}$$

et posons

$$\gamma^{\mathbb{R}} = \{\chi \in \widehat{G} \mid \chi(x) = (\gamma(x))^t, \forall x \in G, \text{ avec } t \in \mathbb{R}\}.$$

On note $\mathcal{S}_{\phi,\psi}$ l'ensemble convexe défini par

$$\mathcal{S}_{\phi,\psi} = \left\{\eta \in \widetilde{G_E^+} \mid \eta(x) = \phi(x)^t\psi(x)^{1-t}, \forall x \in G,\ \text{avec}\, t \in [0,1]\right\}.$$

On voit que $\Omega_{\phi,\psi}$ est isomorphe à $\mathcal{S}_{\phi,\psi} \times \gamma^{\mathbb{R}}$. Nous allons discuter quelques exemples.

Exemple 1. $G = \mathbb{Z}$.
Tout $\phi \in \widetilde{G_E}$ est donné par

$$\phi : \mathbb{Z} \ni n \longrightarrow z^n \in \mathbb{C},$$

où $z \in \mathbb{C}$ et $\frac{1}{\rho(S^{-1})} \leq |z| \leq \rho(S)$. Si $\rho(S) > \frac{1}{\rho(S^{-1})}$, on peut choisir ϕ et ψ tels que

$$\phi(n) = \rho(S)^n,\ \forall n \in \mathbb{Z},$$

$$\psi(n) = \rho(S^{-1})^{-n},\ \forall n \in \mathbb{Z}.$$

Observons que $\mathcal{S}_{\phi,\psi}$ est isomorphe au segment $[\frac{1}{\rho(S^{-1})}, \rho(S)]$ et

$$\gamma_1^{\mathbb{R}} \approx \widehat{\mathbb{Z}} = \mathbb{T}.$$

Ainsi, on obtient

$$\Omega_{\phi,\psi} \approx \left\{z \in \mathbb{C} \mid \frac{1}{\rho(S^{-1})} \leq |z| \leq \rho(S)\right\}$$

et le Théorème 4.3 donne exactement le résultat concernant les multiplicateurs sur un espace de Banach de suites, démontré dans le Chapitre 3.

Exemple 2. $G = \mathbb{R}$.
Tout $\phi \in \widetilde{G_E}$ est donné par $\phi(x) = e^{ax}, \forall x \in \mathbb{R}$, pour un certain $a \in [\ln \frac{1}{\rho(S_{-1})}, \ln \rho(S_1)]$. Supposons que $E = L^2_\omega$, avec ω un poids et supposons que $\frac{1}{\rho(S_{-1})} < \rho(S_1)$. Dans ce cas il est naturel de choisir

$$\phi(x) = e^{\ln \rho(S_1)x},\ \forall x \in \mathbb{R},$$

$$\psi(x) = e^{-\ln \rho(S_{-1})x},\ \forall x \in \mathbb{R}.$$

Cela entraîne

$$\mathcal{S}_{\phi,\psi} \approx \left[\ln \frac{1}{\rho(S_{-1})}, \ln \rho(S_1)\right],$$

et il est évident que

$$\Omega_{\phi,\psi} \approx \left\{z \in \mathbb{C} \mid \operatorname{Im} z \in \left[\ln \frac{1}{\rho(S_{-1})}, \ln \rho(S_1)\right]\right\}.$$

Par conséquent, le Théorème 4.3 implique (mais de manière non constructive) le théorème de représentation des multiplicateurs sur $L^2_\omega(\mathbb{R})$ exposé dans le Chapitre

2.

Exemple 3. $G = \mathbb{Z}^k$.
On pose $e_j = (e_{j,1}, ..., e_{j,k})$, avec $e_{j,i} = 0$ pour $i \neq j$, et $e_{j,j} = 1$. On définit $S_j = S_{e_j}$. On déduit de (4.4) que

$$\widetilde{\mathbb{Z}^k_E} \approx \sigma(S_1, ..., S_k).$$

Chaque $\phi \in \widetilde{\mathbb{Z}^k}$ est de la forme $\phi = \phi_z$, où $z = (z_1, ..., z_k) \in \mathbb{C}^{*k}$ et ϕ_z est défini sur $\mathbb{Z}^k$ par la formule $\phi_z(n_1, ..., n_k) = z_1^{n_1}...z_k^{n_k}$. Donc si nous posons $z^n = z_1^{n_1}...z_k^{n_k}$, pour tout $z = (z_1, ..., z_k) \in \mathbb{C}^k$ et $n = (n_1, ..., n_k) \in \mathbb{Z}^k$, chaque $\phi \in \widetilde{\mathbb{Z}^k_E}$ est de la forme $\phi = \phi_z$, où $\phi_z(n) = z^n$ pour tout $n \in \mathbb{Z}^k$, pour un certain $z \in \mathbb{C}^{*k}$. Posons

$$\mathcal{F}_E = \{z \in \mathbb{C}^{*k} \mid \phi_z \in \widetilde{\mathbb{Z}^k_E}\}.$$

On remarque que $\mathcal{F}_E$ vérifie les propriétés suivantes.
(1) $(z_1 e^{i\theta_1}, ..., z_k e^{i\theta_k}) \in \mathcal{F}_E$, pour tout $(z_1, ..., z_k) \in \mathcal{F}_E$ et pour tout $(\theta_1, ..., \theta_k) \in \mathbb{R}^k$.
(2) L'ensemble $\{(\log|z_1|, ..., \log|z_k|)\}_{(z_1,...,z_k)\in\mathcal{F}_E}$ est convexe et compact.
En particulier $\overset{\circ}{\mathcal{F}_E}$ est un domaine de Reinhardt log-convexe si $\overset{\circ}{\mathcal{F}_E} \neq \emptyset$. On suppose que $\overset{\circ}{\mathcal{F}_E} \neq \emptyset$ et on pose

$$\Pi : \overset{\circ}{\mathcal{F}_E} \ni z \longrightarrow \phi_z \in \widetilde{\mathbb{Z}^k_E}.$$

Il est trivial que Π est analytique. Notons $F(\mathbb{Z}^k)$ l'ensemble des suites finies sur $\mathbb{Z}^k$. On déduit du Théorème 4.3 que pour tout $M \in \mathcal{M}(E)$ il existe une fonction $H_{M,\Pi} \in L^\infty(\widehat{\mathbb{Z}^k}, \mathcal{H}^\infty(\overset{\circ}{\mathcal{F}_E}))$ vérifiant pour tout $u \in F(\mathbb{Z}^k)$ et pour presque tout $\chi \in \widehat{\mathbb{Z}^k}$,

$$\widetilde{Mu}(\phi_z\chi) = H_{M,\Pi}(\chi)(z)\tilde{u}(\phi_z\chi), \ \forall z \in \overset{\circ}{\mathcal{F}_E}.$$

Choisissons $\chi = (\chi_1, ..., \chi_k) \in \widehat{\mathbb{Z}^k}$ vérifiant la formule ci-dessus. On pose $\chi^{-1} = (\chi_1^{-1}, ..., \chi_k^{-1})$ et $z\chi = (z_1\chi_1, ..., z_k\chi_k)$, pour $z = (z_1, ..., z_k) \in \mathbb{C}^k$. Définissons

$$\theta_M : \mathcal{F}_E \ni z \longrightarrow H_{M,\Pi}(\chi)(\phi_z\chi^{-1}) \in \mathbb{C}.$$

Alors $\theta_M \in \mathcal{H}^\infty(\overset{\circ}{\mathcal{F}_E})$. Soit $\delta \in \mathbb{T}^k$ tel que $\chi = \phi_\delta$. Il est clair que nous avons $\phi_{z\delta} = \phi_z\phi_\delta$, pour tout $z \in \mathbb{C}^{*k}$. Nous obtenons pour $u \in F(\mathbb{Z}^k)$, pour $z \in \mathcal{F}_E$,

$$\widetilde{Mu}(\phi_z) = \widetilde{Mu}(\phi_{z\delta^{-1}}\phi_\delta) = \theta_M(z)\tilde{u}(\phi_{z\delta^{-1}}\phi_\delta) = \theta_M(z)\tilde{u}(\phi_z).$$

Autrement dit il existe $\theta_M \in \mathcal{H}^\infty(\overset{\circ}{\mathcal{F}_E})$ tel que $\theta_M(z) = h_M(\phi_z)$ p.p. sur $\overset{\circ}{\mathcal{F}_E} \approx \overset{\circ}{\widetilde{\mathbb{Z}^{k+}_E}} \times \mathbb{T}^k$ muni de la mesure $d \otimes m$. Nous avons donc le résultat suivant

COROLLAIRE 4.1. *Soit E un espace de Banach de suites sur $\mathbb{Z}^k$ vérifiant les conditions (H1), (H2) et (H3). Supposons que $\overset{\circ}{\widetilde{\mathbb{Z}_E^k}} \neq \emptyset$. Alors, pour $M \in \mathcal{M}(E)$, il existe $\theta_M \in \mathcal{H}^\infty(\overset{\circ}{\mathcal{F}_E})$ tel que pour tout $f \in F(\mathbb{Z}^k)$,*

$$\widetilde{Mf}\Big(\phi_z\Big) = \theta_M(z)\tilde{f}\Big(\phi_z\Big), \ \forall z \in \overset{\circ}{\mathcal{F}_E}.$$

Exemple 4. $G = \mathbb{R}^k$**.**

Chaque élément de $\widetilde{\mathbb{R}^k}$ est de la forme

$$\psi_a : x \longrightarrow e^{-i<a,x>}, \text{ avec } a \in \mathbb{C}^{*k}.$$

Définissons

$$\mathcal{E} : \mathbb{C}^{*k} \ni a \longrightarrow \psi_a \in \widetilde{\mathbb{R}_E^k}$$

et remarquons que $\mathcal{E}^{-1}(\psi) \in \mathbb{C}^{*k}$, $\forall \psi \in \widetilde{\mathbb{R}_E^k}$.

Supposons que $\overset{\circ}{\widetilde{\mathbb{R}_E^k}} \neq \emptyset$. On pose

$$U_E = \mathcal{E}^{-1}\Big(\overset{\circ}{\widetilde{\mathbb{R}_E^k}}\Big) \approx \mathbb{R}^k + i\overset{\circ}{\widetilde{\mathbb{R}_E^{k+}}}.$$

On rappelle que l'ensemble $\overset{\circ}{\widetilde{\mathbb{R}_E^{k+}}}$ est log-convexe. Soit

$$\Pi : U_E \ni a \longrightarrow \psi_a \in \widetilde{\mathbb{R}_E^k}.$$

Pour tout $x \in \mathbb{R}^k$, la fonction $a \longrightarrow \Pi(a)(x) = e^{-i<a,x>}$ est analytique sur U_E. Fixons $M \in \mathcal{M}(E)$. En appliquant le Théorème 4.3, on obtient

$$\widetilde{Mf}(\psi_a\chi) = H_{M,\Pi}(\chi)(a)\tilde{f}(\psi_a), \ \forall a \in U_E, \ p.p.,$$

où $H_{M,\Pi} \in L^\infty(\widehat{\mathbb{R}^k}, \mathcal{H}^\infty(U_E))$. Fixons $\chi \in \widehat{\mathbb{R}^k}$ vérifiant la formule ci-dessus. Soit $\delta \in \mathbb{R}^k$ tel que $\chi = \psi_\delta$. On a

$$\widetilde{Mf}(\psi_{a\delta^{-1}}\psi_\delta) = H_{M,\Pi}(\psi_\delta)(a)\tilde{f}(\psi_{a\delta^{-1}}\psi_\delta), \ \forall a \in U_E, \ \forall f \in C_c(\mathbb{R}^k).$$

On obtient

$$\widetilde{Mf}(\psi_a) = H_{M,\Pi}(\psi_\delta)(a)\tilde{f}(\psi_a), \ \forall a \in U_E, \ \forall f \in C_c(\mathbb{R}^k).$$

On pose

$$J_M(a) = H_{M,\Pi}(\psi_\delta)(a), \ \forall a \in U_E.$$

Donc on a $J_M \in \mathcal{H}^\infty(U_E)$ et

$$\widetilde{Mf}(\psi_a) = J_M(a)\tilde{f}(\psi_a), \ \forall a \in U_E, \ \forall f \in C_c(\mathbb{R}^k).$$

Cela démontre le corollaire suivant.

Corollaire 4.2. *Soit E un espace de Banach de fonctions sur $\mathbb{R}^k$ vérifiant (H1), (H2) et (H3). Supposons que $\overset{\circ}{\widetilde{\mathbb{R}^k_E}} \neq \emptyset$. Alors, pour $M \in \mathcal{M}(E)$, il existe $J_M \in \mathcal{H}^\infty\Big(U_E\Big)$ tel que*

$$\widetilde{Mf}(\psi_a) = J_M(a)\tilde{f}(\psi_a), \ \forall a \in U_E, \ \forall f \in C_c(\mathbb{R}^k).$$

Nous allons donner maintenant quelques exemples d'espaces de Banach vérifiant les conditions (H1), (H2) et (H3).

kov **Exemple 1.** Soit ω une fonction mesurable positive sur G. Pour $1 \leq p < +\infty$, posons

$$L^p_\omega(G) := \Big\{ f \text{ mesurable sur } \mathbb{R} \mid \int_G |f(x)|^p \omega(x)^p dx < +\infty \Big\},$$

$$\|f\|_{\omega,p} = \Big(\int_G |f(x)|^p \omega(x)^p dx \Big)^{\frac{1}{p}}, \text{ for } f \in L^p_\omega(G).$$

Il est clair que l'espace de Banach $L^p_\omega(G)$ satisfait (H1) et (H3). La condition (H2) est vérifiée si et seulement si

$$0 < \sup \text{ess}_{y \in G} \frac{\omega(x+y)}{\omega(y)} < +\infty, \ \forall x \in G. \tag{4.5}$$

Voici un cas particulier concret, où on peut calculer $\widetilde{G_E}$ explicitement. On pose

$$\omega(n,k) = e^{\max(n,k)}, \ \forall (n,k) \in \mathbb{Z}^2$$

et $E = l^2_\omega(\mathbb{Z}^2)$. Alors on a $\|S_{n,k}\| = \max(e^n, e^k)$ et $\rho(S_{n,k}) = \max(e^n, e^k)$. Ici

$$\widetilde{\mathbb{Z}^2_E} \approx \sigma(S_{1,0}, S_{0,1})$$

et d'après le Théorème 4.2,

$$\widetilde{\mathbb{Z}^2_E} \approx \{(z_1, z_2) \in \mathbb{C}^2 \mid 1 \leq |z_i| \leq e, \ i \in \{1,2\}, \ |z_1||z_2| = e\}.$$

On remarque que $\sigma(S_{1,0}, S_{0,1}) \neq spec(S_{1,0}) \times spec(S_{0,1})$ et l'intérieur de $\sigma(S_{1,0}, S_{0,1})$ est vide bien que $\overset{\circ}{spec}(S_{1,0}) \neq \emptyset$ et $\overset{\circ}{spec}(S_{0,1}) \neq \emptyset$. Cependant, il est clair que $\widetilde{\mathbb{Z}^{2}_E}^{+}$ a au moins deux éléments.

Exemple 2. Soit ω un poids continu sur G. Posons

$$C_{0,\omega}(G) = \{f \in C(G) \mid f\omega \in C_0(G)\}.$$

On munit $C_{0,\omega}(G)$ de la norme $\|f\| = \|f\omega\|_\infty$. Il est clair que $C_{0,\omega}(G)$ satisfait les conditions (H1) et (H3) et il suffit que ω ait la propriété :

$$0 < \sup_{x\in G} \frac{\omega(x+y)}{\omega(x)} < +\infty, \ \forall y \in G,$$

pour que $C_{0,\omega}(G)$ vérifie (H2).

Exemple 3. Soit A une fonction réelle continue sur $[0, +\infty[$, telle que $A(0) = 0$ et $y \longrightarrow \frac{A(y)}{y}$ est croissante sur $\mathbb{R}^+$. Soit $L_A(G)$ l'espace des fonctions mesurables sur G telles que

$$\int_G A\Big(\frac{|f(x)|}{t}\Big)dx < +\infty,$$

pour un $t > 0$ et soit

$$\|f\|_A = \inf\Big\{t > 0 \mid \int_G A\Big(\frac{|f(x)|}{t}\Big)dx \leq 1\Big\},$$

pour $f \in L_A(G)$. Alors $L_A(G)$ est un espace de Banach appelé espace de Birnbaum-Orlicz (cf. [**4**]). Il est clair que $L_A(G)$ satisfait (H1), (H2) et (H3).

4. L'ensemble $\widetilde{G_E}$

Dans cette section nous allons donner une nouvelle caractérisation de $\widetilde{G_E}$ et établir des propriétés de $\widetilde{G_E}$ qui vont jouer un rôle important dans la preuve du théorème principal de ce chapitre. On remarque que pour $\phi \in C_K(G)$, $g \in E$, la fonction

$$G \ni x \longrightarrow \phi(x)S_x g \in E$$

est uniformément continue sur G et

$$\int_K \|\phi(x)S_x g\|dx \leq \|\phi\|_\infty \|g\| \sup_{x\in K} \|S_x\| m(K) < +\infty.$$

On conclut que $\int_K \phi(x)S_x g dx$ est une intégrale de Bochner convergente pour la topologie forte des opérateurs (cf. [**16**], Chapitre 3). Nous avons la formule suivante

$$M_\phi = \int_G \phi(x)S_x dx. \tag{4.6}$$

En effet, soit K un sous-espace compact de G. On a $M_\phi(C_K(G)) \subset C_{K+supp(\phi)}(G)$ et la restriction de $\int_G \phi(x)S_x dx$ à $C_K(G)$ peut être considérée comme une intégrale de

Bochner sur $C_K(G)$ à valeurs dans $C_{K+supp(\phi)}(G)$. Comme les intégrales de Bochner commutent avec les formes linéaires continues, on obtient, pour $g \in C_c(G)$,

$$M_\phi g(x) = (\phi * g)(x) = \int_G \phi(y)g(x-y)dy = \int_{supp(\phi)} \phi(y)(S_y g)(x)dy$$
$$= \Big(\int_{supp(\phi)} \phi(y)S_y g\Big)(x), \ \forall x \in G$$

et la densité de $C_c(G)$ dans E entraîne la formule (4.6). Soit $A(E)$ l'adhérence dans $\mathcal{M}(E)$ de l'algèbre engendrée par $\{M_\phi\}_{\phi \in C_c(G)}$. On note $\rho_{A(E)}(A)$ le rayon spectral d'un élément A de $A(E)$. Nous avons la proposition suivante.

PROPOSITION 4.2. *Si* $f \in C_c(G)$, $f \geq 0$, $f \neq 0$, *alors* $\rho_{A(E)}(M_f) > 0$.

Preuve. On fixe $f \in C_c(G)$ tel que $f \geq 0$ et $f \neq 0$. Soit V un voisinage compact de 0 tel que *supp*$(f) \subset V$ et soit F un ensemble fini de G tel que $V + V \subset F + V$. On pose

$$nV := \{s_1 + ... + s_n, \ s_1, ..., s_n \in V\}.$$

On remarque que

$$nV \subset (n-1)F + V, \ \forall n \geq 1. \tag{4.7}$$

Notons $\|f\|_1 = \int_G f(x)dx$. On a

$$\int_{nV} f^{*n}(x)dx = \|f\|_1^n, \ \forall n \geq 1,$$

où f^{*n} est la puissance n-ième de f dans l'algèbre de convolution $L^1(G)$. On a d'après (4.7) et (2.2)

$$\int_{nV} f^{*n}(x)dx = \int_{(n-1)F+V} f^{*n}(x)dx$$
$$= \sum_{s \in (n-1)F} \int_V S_{-s} f^{*n}(x)dx$$
$$\leq C_V \sum_{s \in (n-1)F} \|S_{-s}\| \|f^{*n}\|_E.$$

Soient k le cardinal de F et $D = \max_{s \in F} \|S_{-s}\|$. Alors on a

$$\sum_{s \in (n-1)F} \|S_{-s}\| \leq k^{n-1} D^{n-1}$$

et par conséquent

$$\|f\|_1^{n+1} = \int_G f^{*(n+1)}(x)dx \leq C_V k^n D^n \|f^{*(n+1)}\| \leq C_V k^n D^n \|(M_f)^n\| \|f\|, \ \forall n \geq 1.$$

On en déduit

$$\|(M_f)^n\| \geq \frac{\|f\|_1^{n+1}}{C_V\|f\|(kD)^n}$$

et donc on a

$$\rho_{A(E)}(M_f) \geq \frac{\|f\|_1}{kD} > 0.$$

□

On observe que la proposition précédente démontre en particulier que $A(E)$ n'est pas radicale. On remarque que $S_x \circ M_\phi = M_{S_x(\phi)}$, pour tout $\phi \in C_c(G)$. Donc $R \circ T \in A(E)$, pour tout $R \in B(E)$ et pour tout $T \in A(E)$. Soit $\gamma \in \widehat{A(E)}$. On a

$$\frac{\gamma(R \circ T_1)}{\gamma(T_1)} = \frac{\gamma(R \circ T_2)}{\gamma(T_2)},$$

pour $R \in B(E)$, $T_1, T_2 \in A(E) \setminus Ker(\gamma)$. Maintenant on fixe $\phi \in C_c(G)$, tel que $M_\phi \notin Ker(\gamma)$ et on définit

$$\Delta_\gamma : B(E) \longrightarrow \mathbb{C}$$

par la formule

$$\Delta_\gamma(R) = \frac{\gamma(R \circ M_\phi)}{\gamma(M_\phi)}, \ \forall R \in B(E). \tag{4.8}$$

Il est clair que

$$\Delta_\gamma(R_1R_2) = \frac{\gamma(R_1 \circ R_2 \circ M_\phi)}{\gamma(M_\phi)} = \frac{\gamma(R_1 \circ R_2 \circ M_\phi^2)}{\gamma(M_\phi^2)} = \Delta_\gamma(R_1)\Delta_\gamma(R_2),$$

pour R_1, $R_2 \in B(E)$. Comme $\Delta_\gamma(I) = 1$, on a $\Delta_\gamma \in \widehat{B(E)}$. On remarque que

$$\frac{1}{\rho(S_{-x})} \leq |\Delta_\gamma(S_x)| \leq \rho(S_x), \ \forall x \in G. \tag{4.9}$$

Nous avons le lemme suivant.

LEMME 4.1. *Soit E un espace de Banach vérifiant (H1) et (H2).*
i) Pour $\theta \in \widetilde{G_E}$, il existe $\gamma_\theta \in \widehat{A(E)}$ tel que

$$\theta(x) = \frac{\gamma_\theta(M_\phi)}{\gamma_\theta(S_x \circ M_\phi)},$$

pour $\phi \in C_c(G)$ tel que $M_\phi \notin Ker(\gamma_\theta)$ et on a

$$\frac{1}{\rho(S_{-x})} \leq |\theta^{-1}(x)| \leq \rho(S_x), \ \forall x \in G. \tag{4.10}$$

ii) L'application $\mathcal{T} : \widetilde{G_E} \ni \theta \longrightarrow \gamma_\theta \in \widehat{A(E)}$ est un homéomorphisme de $\widetilde{G_E}$ sur $\widehat{A(E)}$ pour la topologie de Gelfand.

Preuve. Fixons $\theta \in \widetilde{G_E}$ et définissons

$$\gamma_\theta(M_\phi) = \int_G \phi(x)\theta^{-1}(x)dx, \ \forall \phi \in C_c(G). \tag{4.11}$$

Il résulte de la définition de $\widetilde{G_E}$ que γ_θ s'étend par continuité à $A(E)$ et il résulte du théorème de Fubini que cette extension est un élément de $\widehat{A(E)}$. Nous allons prouver que

$$\theta(x) = \frac{\gamma_\theta(M_\phi)}{\gamma_\theta(S_x \circ M_\phi)}. \tag{4.12}$$

On a

$$\gamma_\theta(M_{S_y\phi}) = \int_G S_y\phi(x)\theta^{-1}(x)dx$$

$$= \int_G \phi(x-y)\theta^{-1}(x)dx = \int_G \phi(x)\theta^{-1}(x+y)dx$$

$$= \theta^{-1}(y)\int_G \phi(x)\theta^{-1}(x)dx = \theta^{-1}(y)\gamma_\theta(M_\phi).$$

Ainsi, on obtient (4.12). On remarque que (4.9) implique

$$\frac{1}{\rho(S_{-x})} \leq \theta^{-1}(x) \leq \rho(S_x), \ \forall x \in G, \tag{4.13}$$

ce qui achève la démonstration de i).
Fixons $\gamma \in \widehat{A(E)}$ et $\psi \in C_c(G)$ tels que $M_\psi \notin Ker(\gamma)$. On pose

$$\theta_\gamma(x) = \frac{\gamma(M_\psi)}{\gamma(S_x \circ M_\psi)}, \ \forall x \in G.$$

Soit $(\phi_n)_{n\geq 0} \subset C_K(G)$ une suite qui converge uniformément sur K vers $\phi \in C_K(G)$. Pour tout $g \in E$, on obtient

$$\|M_{\phi_n}g - M_\phi g\| \leq \int_K \|\phi_n - \phi\|_\infty \sup_{y\in K} \|S_y\|\|g\|dy$$

et cela entraîne que $\lim_{n\to+\infty} \|M_{\phi_n} - M_\phi\| = 0$. Par conséquent, l'application linéaire

$$C_c(G) \ni \phi \longrightarrow M_\phi \in A(E)$$

est séquentiellement continue et donc continue de $C_c(G)$ dans $A(E)$. Comme l'application

$$x \longrightarrow S_x(\phi)$$

est continue de G dans $C_c(G)$ on voit que l'application

$$x \longrightarrow S_x \circ M_\phi = M_{S_x(\phi)}$$

est continue de G dans $A(E)$. On en déduit que la fonction θ_γ est continue sur G. On va maintenant montrer que $\theta_\gamma \in \widetilde{G_E}$. Posons

$$\eta : C_c(G) \ni \phi \longrightarrow \gamma(M_\phi).$$

L'application η est une forme linéaire continue sur $C_c(G)$ et il existe donc une mesure μ (cf. [**15**], Chapitre 3) telle que

$$\eta(\phi) = \int_G \phi(x)d\mu(x), \ \forall \phi \in C_c(G).$$

Cela montre que pour f, $\phi \in C_c(G)$, on a

$$\gamma(M_\phi \circ M_f) = \int_G (\phi * f)(t)d\mu(t)$$

$$= \int_G \Big(\int_G \phi(x)f(t-x)dx \Big) d\mu(t).$$

En utilisant le théorème de Fubini, on obtient

$$\gamma(M_\phi \circ M_f) = \int_G \phi(x) \Big(\int_G f(t-x)d\mu(t) \Big) dx$$

$$= \int_G \phi(x)\gamma(S_x \circ Mf)dx$$

et

$$\gamma(M_\phi) = \int_G \phi(x)\theta_\gamma^{-1}(x)dx, \ \forall \phi \in C_c(G). \tag{4.14}$$

Par conséquent, on conclut que

$$\Big| \int_G \phi(x)\theta_\gamma^{-1}(x)dx \Big| = |\gamma(M_\phi)| \leq \|M_\phi\|$$

et donc $\theta_\gamma \in \widetilde{G_E}$. Définissons

$$\mathcal{R} : \widehat{A(E)} \longrightarrow \widetilde{G},$$

par la formule

$$\mathcal{R}(\gamma)(x) = \frac{\gamma(M_\phi)}{\gamma(S_x \circ M_\phi)}, \ \forall \gamma \in \widehat{A(E)}, \ \forall x \in G,$$

pour $\phi \in C_c(G)$ tel que $M_\phi \notin Ker(\gamma)$. Nous avons $\mathcal{T}\mathcal{R} = \mathcal{R}\mathcal{T} = I$. Soit $\theta_0 \in \widetilde{G_E}$. Si on fixe $\phi_1,\ldots,\phi_k \in C_c(G)$ et $\epsilon > 0$, on a

$$\sup_{i=1,\ldots,k} \left| \int_G \theta_0^{-1}(x)\phi_i(x)dx - \int_G \theta^{-1}(x)\phi_i(x)dx \right| < \epsilon,$$

pour tout $\theta \in \widetilde{G_E}$ tel que

$$\sup_{x \in \cup supp(\phi_i)} |\theta_0^{-1}(x) - \theta^{-1}(x)| < \frac{\epsilon}{(1+\sup_{i=1,\ldots,k} \|\phi_i\|_\infty) m(\cup_i supp(\phi_i))}.$$

On conclut que $\mathcal{T}$ est continue. On va maintenant montrer que $\mathcal{R}$ est continu. Soit $(\gamma_\alpha) \subset \widehat{A(E)}$ une suite généralisée qui converge vers $\gamma \in \widehat{A(E)}$ pour la topologie de Gelfand. On fixe $f \in C_c(G)$ tel que $\gamma(M_f) \neq 0$. Il existe β et $\delta > 0$ tel que $|\gamma_\beta(M_f)| \geq \delta$, $\forall \alpha \geq \beta$. On a $\mathcal{R}(\gamma_\alpha)(x)^{-1} = \frac{\gamma_\alpha(S_x \circ M_f)}{\gamma_\alpha(M_f)}$. On obtient

$$|\mathcal{R}(\gamma_\alpha)(x)^{-1} - \mathcal{R}(\gamma_\alpha)(y)^{-1}| \leq \delta^{-1} \|\gamma_\alpha\| \|S_x \circ M_f - S_y \circ M_f\|$$

$$\leq \delta^{-1} \|S_x \circ M_f - S_y \circ M_f\|, \ \forall x, y \in G, \ \forall \alpha \geq \beta.$$

On en déduit que la famille $(\mathcal{R}(\gamma_\alpha))_{\alpha \geq \beta}$ est équicontinue sur G. Comme $\mathcal{R}(\gamma_\alpha)$ converge simplement vers $\mathcal{R}(\gamma)$, $\mathcal{R}(\gamma_\alpha)$ converge uniformément sur tout compact de G vers $\mathcal{R}(\gamma)$. Donc $\mathcal{R}$ est continu et la preuve du lemme est complète. □

Avant de prouver le Théorème 4.2, nous allons donner quelques résultats préliminaires.

PROPOSITION 4.3. *Soit G un groupe topologique, et soit $\phi : G \longrightarrow \mathbb{R}$ un morphisme unitaire. Alors ϕ est continu si et seulement si ϕ est localement borné.*

Preuve. Il est clair que tout morphisme continu est localement borné. Supposons que ϕ est localement borné et soient U un voisinage de 0_G et $M > 0$ tel que $\phi(U) \subset [-M, M]$. Soient $\epsilon > 0$ et $n \geq 1$ tel que $\frac{M}{n} < \epsilon$. Il existe un voisinage V de 0 tel que $nx \in U$, d'où $n|\phi(x)| \leq M$ pour tout $x \in V$. Par conséquent, $|\phi(x)| < \epsilon$ pour tout $x \in V$, et cela entraîne que ϕ est continu en 0_G et donc continu sur G. □

COROLLAIRE 4.3. *Soit $E \subset L^1_{loc}(G)$ un espace de Banach vérifiant (H1) et (H2). Soit $\chi \in \widehat{B(E)}$. Alors, l'application*

$$G \ni x \longrightarrow |\chi(S_x)| \in \mathbb{R}^+$$

est continue.

Preuve. Soit $K = K^{-1}$ un voisinage compact de 0_G. D'après l'hypothèse (H2), on a

$$1 \leq M := \sup_{x \in K} \|S_x\| < +\infty.$$

On a, pour $x \in K$,

$$|\chi(x)| \leq M, \ |\chi(x)|^{-1} \leq M.$$

On obtient,

$$-\log M \leq \log |\chi(x)| \leq \log M, \ \forall x \in K,$$

et on en déduit de la proposition précédente que l'application $x \longrightarrow \log |\chi(x)|$ est continue sur G. □

Maintenant, nous allons utiliser (H3). On rappelle que cette condition implique que $\widetilde{G_E}$ a la propriété suivante

$$\chi \widetilde{G_E} = \widetilde{G_E}, \ \forall \chi \in \widehat{G}.$$

Il est bien connu qu'un domaine de Reinhardt (cf. l'annexe 2) X contenant 0 est monomialement convexe si est seulement si c'est un domaine log-convexe contenant le polydisque de rayon $\mathcal{Y}(z)$, pour tout $z \in X \setminus \{0\}$. De plus, un domaine de Reinhardt X tel que $0 \in X$ est monomialement convexe si et seulement si X est le domaine de convergence d'une série entière (cf. [**21**]). La preuve du Théorème 4.2 qui suit présente des analogies avec la preuve de résultats similaires (certainement bien connus) pour les domaines de Reinhardt contenus dans $\mathbb{C}^{*k}$.

Preuve du Théorème 4.2. D'après la Proposition 4.2 et le Lemme 4.1, il est clair que $\widetilde{G_E}$ n'est pas vide. On munit $\widetilde{G}$ de la topologie de la convergence uniforme sur tout compact. Montrons d'abord que $\widetilde{G_E^+}$ est compact. Nous allons d'abord montrer que $\widetilde{G_E^+}$ est équicontinu sur G. Soit $\theta \in \widetilde{G_E^+}$. On a

$$\frac{1}{\rho(S_{-x})} \leq \theta^{-1}(x) \leq \rho(S_x), \ \forall x \in G.$$

Par conséquent, pour tout voisinage compact V_0 de 0_G, on a

$$\frac{1}{C_{-V_0}} \leq \theta^{-1}(x) \leq C_{V_0}, \ \forall x \in V_0,$$

où $C_{V_0} = \sup_{x \in V_0} \rho(S_x) < +\infty$ et $C_{-V_0} = \sup_{x \in V_0} \rho(S_{-x}) < +\infty$. Fixons $\delta > 0$. Il existe $n > 0$ tel que $(C_{V_0})^{\frac{1}{n}} - 1 < \delta$ et $1 - \frac{1}{(C_{-V_0})^{\frac{1}{n}}} < \delta$. L'application $x \longrightarrow nx$ est continue sur G et donc il existe un voisinage W_δ de 0 tel que $nx \in V_0$, pour tout $x \in W_\delta$. Alors,

$$\frac{1}{C_{-V_0}} \leq \theta^{-1}(nx) \leq C_{V_0},\ \forall x \in W_\delta$$

et

$$\frac{1}{(C_{-V_0})^{\frac{1}{n}}} \leq \theta^{-1}(x) \leq (C_{V_0})^{\frac{1}{n}},\ \forall x \in W_\delta.$$

Cela entraîne que

$$1 - \delta \leq \theta^{-1}(x) \leq 1 + \delta$$

et par conséquent $\theta^{-1}(0) - \delta \leq \theta^{-1}(x) \leq \theta^{-1}(0) + \delta$, pour tout $x \in W_\delta$. Ainsi il est clair que $\widetilde{G_E^+}$ est équicontinu en 0 et donc $\widetilde{G_E^+}$ est équicontinu sur G. On a vu que l'ensemble $\{\theta^{-1}(x)\}_{\theta\in\widetilde{G_E^+}}$ est borné pour tout $x \in G$ et il résulte de la définition de $\widetilde{G_E}$ que $\widetilde{G_E^+}$ est fermé dans $\widetilde{G}$ pour la topologie de la convergence uniforme sur tout compact. Il résulte alors d'une variante standard du théorème d'Ascoli ([**37**]) que $\widetilde{G_E^+}$ est compact. Prouvons maintenant que $\widetilde{G_E^+}$ est log-convexe. La question ne se pose que si $\widetilde{G_E^+}$ a au moins deux éléments. Soient η_1 et $\eta_2 \in \widetilde{G_E}$ tels que $|\eta_1| \neq |\eta_2|$. On pose $L = \{z \in \mathbb{C} \mid \operatorname{Re} z \in [0,1]\}$. Pour $\lambda \in L$, on définit

$$\theta_\lambda(x) = |\eta_1(x)|^\lambda |\eta_2(x)|^{1-\lambda},\ x \in G.$$

Pour $f \in C_c(G)$ et pour $x \in supp(f)$, on a

$$\sup_{\lambda\in L} |f(x)\theta_\lambda^{-1}(x)| \leq \|f\|_\infty \sup_{l\in[0,1]} \Big(\sup_{x\in supp(f)} |\eta_1(x)|^l \sup_{x\in supp(f)} |\eta_2(x)|^{1-l} \Big) < +\infty.$$

La fonction

$$G \times L : (x, \lambda) \longrightarrow f(x)\theta_\lambda^{-1}(x) \in \mathbb{C}$$

est séparément continue et uniformément bornée et donc mesurable sur $G \times L$ ([**20**]). On déduit alors des théorèmes de Morera et de Fubini que pour tout $f \in C_c(G)$, la fonction F définie par

$$F : \lambda \longrightarrow \int_G f(x)\theta_\lambda^{-1}(x)dx$$

est analytique sur la bande $\overset{\circ}{L}$. D'après le principe de Phragmen-Lindelof, on obtient

$$|F(\lambda)| \leq \max_{\operatorname{Re}\lambda\in\{0,1\}} \Big| \int_G f(x)\theta_\lambda^{-1}(x)dx \Big|$$

$$\leq \max\Big(\sup_{a\in\mathbb{R}} \Big| \int_G f(x)|\eta_2(x)| \frac{|\eta_1(x)|^{ia}}{|\eta_2(x)|^{ia}} dx \Big|, \sup_{a\in\mathbb{R}} \Big| \int_G f(x)|\eta_1(x)| \frac{|\eta_2(x)|^{ia}}{|\eta_1(x)|^{ia}} dx \Big| \Big).$$

En prenant en compte le fait que $|\eta_2| \in \widetilde{G_E^+}$ et que $\left|\frac{\eta_1}{\eta_2}\right|^{ia} \in \widehat{G}$, on a $|\eta_2|^{1-ia}|\eta_1|^{ia} \in \widetilde{G_E}$. De même $|\eta_1|^{1-ia}|\eta_2|^{ia} \in \widetilde{G_E}$ et on obtient

$$|F(\lambda)| \leq \|M_f\|, \ \forall \lambda \in L.$$

Cela implique que $\theta_\lambda \in \widetilde{G_E}$, $\forall \lambda \in L$.

On va maintenant montrer que l'on a

$$\widetilde{G_E} = \Big\{ \theta \in \widetilde{G} \mid |\theta^{-1}(x)| \leq \sup_{\eta \in \widetilde{G_E}} |\eta^{-1}(x)|, \ \forall x \in G \Big\}. \tag{4.15}$$

Soit $\theta \in \widetilde{G^+}$ tel que $\theta \notin \widetilde{G_E^+}$. Alors il existe $\phi \in C_c(G)$ et $\epsilon > 0$ tels que

$$\Big| \int_G \phi(x)\theta^{-1}(x)dx \Big| > \|M_\phi\| + \epsilon. \tag{4.16}$$

Soit $K = supp(\phi)$. Comme la famille $\Big\{\phi\eta^{-1}, \ \eta \in \widetilde{G_E^+} \cup \{\theta\}\Big\}$ est équicontinue sur K, pour tout $x \in K$, il existe un voisinage V_x de x dans K tel que

$$\sup_{y \in V_x} |\phi(y)\eta^{-1}(y) - \phi(x)\eta^{-1}(x)| < \frac{\epsilon}{3m(K)}, \ \forall \eta \in \widetilde{G_E^+} \cup \{\theta\}.$$

La famille $\{V_x\}_{x \in K}$ est un recouvrement d'ouverts de K, donc il existe $a_1, ..., a_p \in K$ tels que $K \subset \cup_{i=1}^p V_{a_i}$. On pose $V_{a_i}^c = \{x \in K \mid x \notin V_{a_i}\}$. Définissons $K_1 = V_{a_1}$ et

$$K_i = V_{a_i} \cap (\cup_{j \neq i} V_{a_j})^c,$$

pour $1 < i \leq p$. On a

$$\begin{aligned}
&\Big| \int_K \phi(x)\eta^{-1}(x)dx - \sum_{i=1}^p \phi(a_i)\eta^{-1}(a_i)m(K_i) \Big| \\
&= \Big| \sum_{i=1}^p \int_{K_i} (\phi(x)\eta^{-1}(x) - \phi(a_i)\eta^{-1}(a_i))dx \Big| \\
&\leq \sum_{i=1}^p \int_{K_i} \frac{\epsilon}{3m(K)} dx = \frac{\epsilon}{3m(K)} \sum_{i=1}^p m(K_i) = \frac{\epsilon}{3}.
\end{aligned}$$

Nous avons, pour $\eta \in \widetilde{G_E^+}$,

$$\Big| \int_K \phi(x)\eta^{-1}(x)dx - \sum_{i=1}^p \phi(a_i)\eta^{-1}(a_i)m(K_i) \Big| \leq \frac{\epsilon}{3},$$

$$\Big| \int_K \phi(x)\theta^{-1}(x)dx - \sum_{i=1}^p \phi(a_i)\theta^{-1}(a_i)m(K_i) \Big| \leq \frac{\epsilon}{3}$$

et

$$\Big|\int_K \phi(x)\eta^{-1}(x)dx - \int_K \phi(x)\theta^{-1}(x)dx\Big| \geq \Big|\Big|\int_K \phi(x)\eta^{-1}(x)dx\Big| - \Big|\int_K \phi(x)\theta^{-1}(x)dx\Big|\Big| > \epsilon,$$

et donc nous obtenons

$$\Big|\sum_{i=1}^{p} \phi(a_i)\eta^{-1}(a_i)m(K_i) - \sum_{i=1}^{p} \phi(a_i)\theta^{-1}(a_i)m(K_i)\Big| > \frac{\epsilon}{3}.$$

Par conséquent, on a

$$(\theta^{-1}(a_1), ..., \theta^{-1}(a_p)) \neq (\eta^{-1}(a_1), ..., \eta^{-1}(a_p)), \ \forall \eta \in \widetilde{G_E^+}.$$

Posons

$$\mathcal{C} = \Big\{(\log|\eta(a_1)|, ..., \log|\eta(a_p)|), \ \eta \in \widetilde{G_E}\Big\}.$$

Comme $\widetilde{G_E^+}$ est compact, $\mathcal{C}$ est convexe et fermé et

$$(\log\theta(a_1), ..., \log\theta(a_p)) \notin \mathcal{C}.$$

Donc, il existe une forme linéaire $\mathcal{L}$ sur $\mathbb{R}^p$ telle que

$$\mathcal{L}\Big((\log\theta(a_1), ..., \log\theta(a_p))\Big) > \sup_{\eta\in\widetilde{G_E}} \mathcal{L}\Big((\log|\eta(a_1)|, ..., \log|\eta(a_p)|)\Big).$$

On pose

$$\Delta = \Big\{(\alpha_1, ..., \alpha_p) \in \mathbb{R}^p | \alpha_1 \log\theta(a_1) + ... + \alpha_p \log\theta(a_p) > \sup_{\eta\in\widetilde{G_E^+}} (\alpha_1 \log\eta(a_1) + ... + \alpha_p \log\eta(a_p))\Big\}.$$

Comme

$$\sup_{\eta\in\widetilde{G_E^+}} |\log\eta(a_i)| < +\infty,$$

pour $1 \leq i \leq p$, Δ est un ouvert et comme $\lambda\Delta \subset \Delta$, pour $\lambda > 0$, $\Delta \cap \mathbb{Z}^p \neq \emptyset$. Soit $(n_1, ..., n_p) \in \Delta \cap \mathbb{Z}^p$. Il résulte de la définition de Δ que l'on a

$$\theta^{-1}(a_1^{-n_1}...a_p^{-n_p}) > \sup_{\eta\in\widetilde{G_E}} |\eta^{-1}(a_1^{-n_1}...a_p^{-n_p})|.$$

Cela montre que

$$\Big\{\theta \in \widetilde{G} \mid |\theta^{-1}(x)| \leq \sup_{\eta\in\widetilde{G_E}} |\eta^{-1}(x)|\Big\} \subset \widetilde{G_E},$$

ce qui démontre (4.15). □

COROLLAIRE 4.4. *On a*

$$\widetilde{G_E} = \{\theta \in \widetilde{G} \mid |\theta^{-1}(x)| \leq \rho_{A(E)}(S_x)\,, \forall x \in G\},$$

où $\rho_{A(E)}(S_x) = \sup_{\gamma \in \widehat{A(E)}} |\Delta_\gamma(S_x)|$. *On rappelle que* Δ_γ *est défini par la formule (4.8).*

COROLLAIRE 4.5. $\widetilde{G_E}$ *est connexe si et seulement si* $\widehat{G}$ *est connexe.*

5. Quasimesures

Dans cette section, nous allons donner quelques résultats concernant la représentation d'un multiplicateur en tant qu'opérateur de convolution. Soit B_G l'ensemble des parties boréliennes de G. Une mesure sur G est une application

$$\mu : B_{G,\mu} \longrightarrow \mathbb{C}$$

de la forme $\mu = \mu_1 - \mu_2 + i\mu_3 - i\mu_4$, où μ_i est une mesure positive sur G pour $i = 1, ..., 4$ telle que $\mu_i(K) < +\infty$, pour tout compact $K \subset G$ et où

$$B_{G,\mu} = \{U \in B_G \mid \sup \mu_i(U) < +\infty,\ i = 1, ..., 4\}.$$

Notons $M(G)$ l'ensemble des mesures sur G. Le théorème de représentation de Riesz montre que chaque forme linéaire continue sur $C_c(G)$ peut être représentée de manière unique sous la forme $L(f) = \int_G f(x)d\mu_L(x)$, où $\mu_L \in M(G)$. Notons $M_b(G)$ l'ensemble des mesures sur G à variation bornée, muni de la norme $\|\mu\|_{M_b(G)} = |\mu|(G)$, qui peut être identifié comme ci-dessus avec le dual de $C_c(G)$. Nous désignerons par $M_c(G)$ l'ensemble des mesures à support compact sur G. L'espace $M(G)$ sera muni de la topologie vague. Rappelons qu'une suite généralisée $(\mu_\alpha) \subset M(G)$ converge vaguement vers $\mu \in M(G)$ si et seulement si

$$\int_G f(x)d\mu(x) = \lim_\alpha \int_G f(x)d\mu_\alpha(x),\ \forall f \in C_c(G).$$

Nous avons besoin des définitions suivantes pour introduire les résultats de Gaudry exposés dans ([**13**]).

DÉFINITION 4.3. *Soit* K *un compact de* G. *On pose*

$$D_K(G) = \Big\{u \in C_c(G) \mid u = \sum_{i=1}^{\infty} f_i * g_i,\ f_i,\ g_i \in C_K(G) \text{ et } \sum_{i=1}^{\infty} \|f_i\|_\infty \|g_i\|_\infty < +\infty\Big\}.$$

On munit $D_K(G)$ de la norme :

$$\|u\|_{D_K(G)} = \inf\Big\{\sum_{i=1}^{\infty} \|f_i\|_\infty \|g_i\|_\infty | u = \sum_{i=1}^{\infty} f_i * g_i, f_i, g_i \in C_K(G) \text{et} \sum_{i=1}^{\infty} \|f_i\|_\infty \|g_i\|_\infty < +\infty\Big\}.$$

DÉFINITION 4.4. *Soit $D(G) = \underset{\rightarrow}{\lim} D_K(G)$ muni de la topologie limite inductive localement convexe. On appelle quasimesures les éléments du dual $D(G)'$ de $D(G)$.*

On remarque que l'espace $D(G)$ est dense dans $C_c(G)$ (cf. [**13**]). Nous avons le théorème suivant.

THÉORÈME 4.4. *(**Gaudry**) Pour tout M opérateur de $C_c(G)$ dans l'espace des mesures $M(G)$, qui commute avec les opérateurs de convolution avec une fonction de $C_c(G)$, il existe une quasimesure μ telle que*

$$Mf = \mu * f, \forall f \in C_c(G).$$

On remarque que pour tout $f \in C_c(G)$, l'application $g \longrightarrow f * g$ est continue de $D(G)$ dans $D(G)$ et $\mu * f$, pour $f \in C_c(G)$ est une quasimesure définie par la formule

$$< \mu * f, g >=< \mu, f * g >, \forall g \in D(G).$$

Si $f \in D(G)$, alors la fonction

$$\mu * f : G \ni y \longrightarrow < \mu_x, f(x-y) >$$

est continue sur G. D'après le Théorème 4.4, la restriction à $C_c(G)$ d'un multiplicateur sur $L^p(G)$, où G est un groupe LCA et $p \geq 1$ est définie comme la convolution avec une quasimesure (cf. [**13**], [**3**]). D'autre part, Edwards donne un théorème de représentation valable pour les multiplicateurs de $C_c(G)$ dans $M_c(G)$. Posons

$$B(G) = \{\mathcal{F}f, \ f \in L^1(\widehat{G})\}$$

et

$$\|\mathcal{F}f\|_{B(G)} = \|f\|_{L^1(\widehat{G})}.$$

Nous désignons par $P(G)$ le dual de $B(G)$. Les éléments de $P(G)$ sont appelés des pseudomesures. Notons $P^1(G)$ l'ensemble de toutes les pseudomesures telles que $s * f \in M_b(G)$, pour $f \in C_c(G)$. Nous avons le théorème suivant (cf. [**10**]).

THÉORÈME 4.5. *(**Edwards**)*
1) Les opérateurs linéaires continus T de $C_c(G)$ dans $M_b(G)$ qui commutent avec les translations sont exactement ceux de la forme :

$$Tf = s * f, \forall f \in C_c(G),$$

où $s \in P^1(G)$.
2) Les opérateurs linéaires continus T de $C_c(G)$ dans $M_c(G)$ qui commutent avec les translations sont exactement ceux de la forme :

$$Tf = s * f, \ \forall f \in C_c(G),$$

où s est une pseudomesure à support compact.

De plus, ce résultat implique qu'une quasimesure à support compact est une pseudomesure [**13**]. La transformée de Fourier d'une pseudomesure s peut être définie de la manière suivante : $\hat{s}$ est la forme linéaire continue sur $L^1(G)$ donnée par

$$\hat{s}(f) = s(\hat{f}).$$

On remarque que $\hat{s}$ peut être considéré comme un élément de $L^\infty(\widehat{G})$. D'après le Théorème 4.5, tout opérateur T de $C_c(G)$ dans $M_b(G)$ continu pour la topologie vague de $M(G)$ commutant avec toute convolution avec une fonction de $C_c(G)$, vérifie :

$$\widehat{Tf} = h\hat{f}, \ \forall f \in C_c(G), \tag{4.17}$$

où $h \in L^\infty(\widehat{G})$. Une représentation similaire existe aussi pour les multiplicateurs sur $L^p(G)$, où $p \leq 1 < +\infty$ (cf. [**3**]).

6. Théorème de représentation

6.1. Approximation d'un multiplicateur. Si $E \subset L^1_{loc}(G)$ est un espace de Banach satisfaisant (H1), (H2) et (H3) nous notons comme précédemment

$$M_\phi : f \longrightarrow f * \phi$$

l'opérateur de convolution associé à $\phi \in C_c(G)$. En utilisant des arguments de [**13**] et [**14**], on obtient le lemme suivant.

LEMME 4.2. *Soit $E \subset L^1_{loc}(G)$ un espace de Banach vérifiant (H1), (H2) et (H3). Pour tout $M \in \mathcal{M}(E)$, il existe une suite généralisée $(\phi_\alpha) \subset C_c(G)$ tel que :*
i) $M = \lim_\alpha M_{\phi_\alpha}$ pour la topologie forte des opérateurs.
ii) $\|M_{\phi_\alpha}\| \leq C\|M\|$, où C est une constante indépendante de M.

Preuve. Fixons $M \in \mathcal{M}(E)$ et $f \in E$. On définit $T_f : \widehat{G} \longrightarrow E$ par la formule

$$T_f(\chi) = \chi M(\chi f), \ \chi \in \widehat{G}.$$

Il est facile de voir que T_f est continu de $\widehat{G}$ dans E. Notons $1_{\widehat{G}}$ l'élément neutre de $\widehat{G}$. Soit $(k_\alpha) \subset L^1(\widehat{G})$ une suite généralisée telle que $\widehat{k_\alpha} \in C_c(G)$, $\|k_\alpha\|_{L^1(\widehat{G})} = 1$, $k_\alpha(\chi) \geq 0$, et $\lim_\alpha \int_{\chi \notin \mathcal{V}} k_\alpha(\chi) d\chi = 0$, pour tout voisinage $\mathcal{V}$ de $1_{\widehat{G}}$. Nous avons

$$\lim_\alpha (k_\alpha * T_f)(1_{\widehat{G}}) = T_f(1_{\widehat{G}}) = Mf, \; \forall f \in E.$$

Définissons $Y_\alpha(f) = (k_\alpha * T_f)(1_{\widehat{G}})$. Nous allons montrer que l'opérateur Y_α est défini par la convolution avec la quasimesure $\widehat{k_\alpha \mu}$. Nous remarquons qu'en général le produit d'une quasimesure avec $\mathcal{F}g$, pour $g \in L^1(\widehat{G})$ nous donne une autre quasimesure (cf. [**13**]). Ici

$$< \widehat{k_\alpha \mu}, g > = < \mu, \widehat{k_\alpha} g >, \; \forall g \in D(G).$$

Comme $\widehat{k_\alpha}$ est une fonction à support compact, $\widehat{k_\alpha \mu}$ est une pseudomesure. Nous avons, pour $f \in D(G)$, $x \in G$,

$$Y_\alpha f(x) = \int_{\widehat{G}} k_\alpha(\chi) \chi^{-1}(x) M(\chi^{-1} f)(x) d\chi$$

$$= \int_{\widehat{G}} k_\alpha(\chi) \chi^{-1}(x) < \mu_y, (\chi^{-1} f)(y - x) > d\chi$$

$$= \int_{\widehat{G}} k_\alpha(\chi) < \mu_y, \chi(-y) f(y - x) > d\chi$$

$$= < \mu_y, \Big(\int_{\widehat{G}} k_\alpha(\chi) \chi(-y) d\chi \Big) f(y - x) >$$

$$= < \mu_y, (\widehat{k_\alpha})(y) f(y - x) > = (\mu \widehat{k_\alpha} * f)(x).$$

De plus, nous obtenons le contrôle de la norme de l'opérateur Y_α. En effet,

$$\|Y_\alpha f\| = \|(k_\alpha * T_f)(1_{\widehat{G}})\| = \Big\| \int_{\widehat{G}} k_\alpha(\chi) \chi^{-1} M(\chi^{-1} f) d\chi \Big\|$$

$$\leq \int_{\widehat{G}} k_\alpha(\chi) \|\chi^{-1} M(\chi^{-1} f)\| d\chi \leq \|M\| \|f\|.$$

Maintenant pour approximer M par une suite généralisée d'opérateurs de convolutions avec des fonctions de $C_c(G)$ il suffit d'approximer les opérateurs Y_α. Dans ce but, posons $\nu = \widehat{k_\alpha \mu}$. On note V l'opérateur de convolution avec ν. Considérons une suite généralisée $(h_\beta) \subset C_c(G) * C_c(G)$ telle que :

i) $\|h_\beta\|_{L^1(G)} = 1$, pour tout β.

ii) h_β s'annule en dehors d'un compact K fixé.

iii) $h_\beta(x) \geq 0$, $\forall x \in G$.

iv) Pour tout voisinage $\mathcal{O}$ de 0_G, $\lim_\beta \int_{x\notin\mathcal{O}} h_\beta(x)dx = 0$.
Alors, $h_\beta * f$ converge vers f dans E, pour tout $f \in E$. Posons

$$V_\beta(f) = V(h_\beta * f),\ \forall f \in E.$$

Nous avons

$$\lim_\beta \|V_\beta f - Vf\| = 0,\ \forall f \in E.$$

De plus, il est facile de contrôler la norme de V_β. En effet, pour tout $f \in C_c(G)$, on a

$$V_\beta f = Vf * h_\beta$$

et

$$\|V_\beta f\| = \|h_\beta * Vf\| = \left\| \int_G h_\beta(y) S_y(Vf)dy \right\|$$
$$\leq \int_G |h_\beta(y)| \|S_y(Vf)\| dy \leq \left(\sup_{y\in K} \|S_y\|\right) \|V\| \|f\|.$$

Ainsi, nous obtenons $\|V_\beta\| \leq C\|V\|$, où C est une constante. D'autre part,

$$V_\beta f = (\nu * h_\beta) * f,\ f \in C_c(G).$$

Nous avons, pour $g \in D(G)$,

$$< \nu * h_\beta, g >=< \nu, g * h_\beta >=< \nu_x, \int_G (S_y h_\beta)(x) g(y) dy > .$$

On rappelle que $\nu \in P(G)$ et $S_y h_\beta \in C_c(G) * C_c(G)$. Il est facile de voir que

$$C_c(G) * C_c(G) \subset B(G).$$

En effet, pour $f, g \in C_c(G)$, $f * g = \mathcal{F}^{-1}(\mathcal{F}f\mathcal{F}g)$ et comme $\mathcal{F}f, \mathcal{F}g \in L^2(\widehat{G})$, on a $(\mathcal{F}f\mathcal{F}g) \in L^1(\widehat{G})$. Observons que

$$< \nu * h_\beta, g >= \int_G < \nu_x, (S_y h_\beta)(x) > g(y) dy.$$

On en déduit que la quasimesure $\nu * h_\beta$ est la fonction définie par

$$(\nu * h_\beta)(y) =< \nu_x, h_\beta(x-y) >=< \nu, S_y h_\beta >,\ \forall y \in G.$$

La fonction

$$\mathcal{G} : G \ni y \longrightarrow \left(\widehat{G} \ni \chi \longrightarrow \int_G (S_y h_\beta)(x) \chi(x) dx\right) \in L^1(\widehat{G})$$

est continue de G dans $L^1(\widehat{G})$. En effet,

$$\mathcal{G}(y) : \chi \longrightarrow \chi(y)\widehat{h_\beta}(\chi^{-1}),$$

pour tout $y \in G$. Il est facile de voir que pour $\phi \in C_c(\widehat{G})$ la fonction

$$y \longrightarrow \left(\widehat{G} \ni \chi \longrightarrow \chi(y)\phi(\chi)\right)$$

est continue. Compte tenue de la densité de $C_c(\widehat{G})$ dans $L^1(\widehat{G})$ on obtient que $\mathcal{G}$ est continue car c'est la limite uniforme d'une suite de fonctions continues. Donc la fonction

$$G \ni y \longrightarrow S_y h_\beta \in B(G)$$

est continue de G dans $B(G)$. On en déduit que $\nu * h_\beta \in C_c(G)$. Ceci achève la démonstration. □

Nous allons maintenant prouver le Théorème 4.3.

6.2. Preuve du Théorème 4.3. Fixons $M \in \mathcal{M}(E)$ et $\theta \in \widetilde{G_E}$. Soit $(\phi_\alpha) \subset C_c(G)$ une suite généralisée telle que (M_{ϕ_α}) converge vers M pour la topologie forte des opérateurs et tel que $\|M_{\phi_\alpha}\| \leq C\|M\|$. Nous avons, pour $\theta \in \widetilde{G_E}$ et pour $\phi \in C_c(G)$,

$$\widehat{\phi_\alpha \theta^{-1}}(\chi) = \int_G \phi_\alpha(x)\theta^{-1}(x)\chi(-x)dx, \ \forall \chi \in \widehat{G}.$$

Etant donné que

$$\|\widehat{\phi_\alpha \theta^{-1}}\|_\infty \leq \|M_{\phi_\alpha}\| \leq C\|M\|,$$

quitte à remplacer (ϕ_α) par une sous-suite généralisée convenable, nous obtenons que $(\widehat{\phi_\alpha \theta^{-1}})$ converge pour la topologie faible* $\sigma(L^\infty(\widehat{G}), L^1(\widehat{G}))$ vers une fonction $h_{M,\theta} \in L^\infty(\widehat{G})$. De plus, on a $\|h_{M,\theta}\|_\infty \leq C\|M\|$. Comme

$$\lim_\alpha \int_{\widehat{G}} \widehat{\phi_\alpha \theta^{-1}}(\chi)g(\chi)d\chi = \int_{\widehat{G}} h_{M,\theta}(\chi)g(\chi)d\chi, \ \forall g \in L^1(\widehat{G}),$$

on trouve

$$\lim_\alpha \int_{\widehat{G}} \widehat{\phi_\alpha \theta^{-1}}(\chi)\widehat{f\theta^{-1}}(\chi)g(\chi)d\chi$$

$$= \int_{\widehat{G}} h_{M,\theta}(\chi)\widehat{f\theta^{-1}}(\chi)g(\chi)d\chi, \ \forall f \in C_c(G), \ \forall g \in L^2(\widehat{G}).$$

Cela implique que la suite généralisée

$$\left(\mathcal{F}((M_{\phi_\alpha} f)\theta^{-1})\right) = \left(\mathcal{F}((\phi_\alpha * f)\theta^{-1})\right) = \left(\widehat{\phi_\alpha \theta^{-1}}\widehat{f\theta^{-1}}\right)$$

converge pour la topologie faible de $L^2(\widehat{G})$ vers $h_{M,\theta}\widehat{f\theta^{-1}}$. Par conséquent,

$$\lim_\alpha (M_{\phi_\alpha} f)\theta^{-1} = \mathcal{F}^{-1}(h_{M,\theta}\widehat{f\theta^{-1}}),$$

au sens de la topologie faible de $L^2(G)$. D'autre part par construction,

$$\lim_{\alpha} \|(M_{\phi_\alpha} f) - (Mf)\| = 0, \ \forall f \in E$$

et on obtient pour $g \in C_c(G)$,

$$\lim_{\alpha} \left| \int_G g(y)\theta^{-1}(y)(M_{\phi_\alpha} f - Mf)(y)dy \right| = 0.$$

On remarque que les fonctions $(Mf)\theta^{-1}$ et $\mathcal{F}^{-1}(h_{M,\theta}\widehat{f\theta^{-1}})$ définissent la même forme linéaire continue sur $C_c(G)$ pour chaque $f \in C_c(G)$. Nous obtenons

$$(Mf)\theta^{-1}(x) = \mathcal{F}^{-1}(h_{M,\theta}\widehat{f\theta^{-1}})(x), \ p.p., \ \forall f \in C_c(G).$$

Notons que $(Mf)\theta^{-1} = \mathcal{F}^{-1}(h_{M,\theta}\widehat{f\theta^{-1}}) \in L^2(G)$. Ainsi, pour presque tout $\chi \in \widehat{G}$, on a

$$\mathcal{F}((Mf)\theta^{-1})(\chi) = h_{M,\theta}(\chi)\mathcal{F}(f\theta^{-1})(\chi), \ \forall f \in C_c(G).$$

Posons pour $M \in \mathcal{M}(E)$, $\delta \in \widetilde{G_E^+}$ et pour presque tout $\chi \in \widehat{G}$

$$h_M(\delta\chi) = h_{M,\delta}(\chi).$$

Nous avons, pour tout $\delta \in \widetilde{G_E^+}$ et pour presque tout $\chi \in \widehat{G}$,

$$\widetilde{Mf}(\delta\chi) = h_M(\delta\chi)\tilde{f}(\delta\chi), \ \forall f \in C_c(G).$$

Cela complète la preuve de l'assertion i).

Prouvons maintenant ii).

Soient U un ouvert de $\mathbb{C}^p$ et $\Pi : U \longrightarrow \widetilde{G_E}$ une fonction analytique. Comme pour tout $\lambda \in U$, $\Pi(\lambda) \in \widetilde{G_E}$, nous avons

$$\sup_{x\in K} |\Pi(\lambda)^{-1}(x)| \leq \sup_{x\in K} \rho(S_x) \leq \sup_{x\in K} \|S_x\| < +\infty,$$

pour tout compact $K \subset G$. Pour tout $\chi \in \widehat{G}$, la fonction

$$G \times U \ni (x, \lambda) \longrightarrow \phi_\alpha(x)\Pi(\lambda)^{-1}(x)\chi(-x)$$

est séparément continue et uniformément bornée et donc c'est une fonction mesurable sur $G \times U$, voir [**20**]. Soient $D_1, ..., D_p$ des disques ouverts de $\mathbb{C}$ tels que $D_1 \times ... \times D_p \subset U$. Pour λ_j, $j \neq i$ fixés et pour tout triangle $T \subset D_i$, en utilisant le théorème de Fubini, on a

$$\int_T \int_G \phi_\alpha(x)\Pi(\lambda_1, ..., \lambda_p)^{-1}(x)\chi(-x)d\lambda_i dx$$

$$= \int_G \phi_\alpha(x)\chi(-x)\Big(\int_T \Pi(\lambda_1, ..., \lambda_p)^{-1}(x)d\lambda_i\Big)dx.$$

Comme $\lambda_i \longrightarrow \Pi(\lambda_1, ..., \lambda_p)^{-1}(x)$ est analytique sur U_i, nous obtenons d'après le théorème de Morera que la fonction

$$D_i \ni \lambda_i \longrightarrow \int_G \phi_\alpha(x)\Pi(\lambda_1, ..., \lambda_p)^{-1}(x)\chi(-x)dx$$

est analytique, et la fonction

$$U \ni \lambda \longrightarrow \mathcal{F}\Big((\phi_\alpha)\Pi(\lambda)^{-1}\Big)(\chi) = \int_G \phi_\alpha(x)\Pi(\lambda)^{-1}(x)\chi(-x)dx$$

est séparément analytique, donc analytique sur U. On pose

$$\Delta_\alpha : \widehat{G} \ni \chi \longrightarrow \widetilde{\phi_\alpha}(\Pi(.)\chi) \in \mathcal{H}^\infty(U).$$

Nous avons pour tout α,

$$\|\Delta_\alpha\|_{L^\infty(\widehat{G},\mathcal{H}^\infty(U))} \leq C\|M_{\phi_\alpha}\|.$$

La suite généralisée $(\Delta_\alpha) \subset L^\infty(\widehat{G}, \mathcal{H}^\infty(U))$ est uniformément bornée. Munissons U de la mesure de Lebesgue. Nous pouvons identifier le dual de $L^1(U)$ à $L^\infty(U)$, la dualité étant définie par la formule

$$< f, g >= \int_U f(x)g(x)dx, \ \forall f \in L^1(U), \ \forall g \in L^\infty(U).$$

L'espace $\mathcal{H}^\infty(U)$ est fermé pour la topologie $\sigma\Big(L^\infty(U), L^1(U)\Big)$. On pose

$$\mathcal{H}^\infty_\perp(U) = \{f \in L^1(U) \mid < f, g >= 0, \ \forall g \in \mathcal{H}^\infty(U)\}.$$

On peut identifier le dual de $\mathcal{H}^\infty_*(U) := L^1(U)/\mathcal{H}^\infty_\perp(U)$ avec $\mathcal{H}^\infty(U)$. Posons

$$< \mathcal{P}(f), g >=< f, g >, \ \forall f \in L^1(U), \ \forall g \in \mathcal{H}^\infty(U),$$

où $\mathcal{P} : L^1(U) \longrightarrow L^1(U)/\mathcal{H}^\infty_\perp(U)$ désigne la surjection canonique. Munissons maintenant $\widehat{G}$ de la mesure de Haar. Nous pouvons identifier le dual de $L^1(\widehat{G}, \mathcal{H}^\infty_*(U))$ et $L^\infty(\widehat{G}, \mathcal{H}^\infty(U))$, la dualité étant donnée par la formule

$$< f, g >= \int_{\widehat{G}} < f(\chi), g(\chi) > d\chi, \ \forall f \in L^1(\widehat{G}, \mathcal{H}^\infty_*(U)), \ \forall g \in L^\infty(\widehat{G}, \mathcal{H}^\infty(U)).$$

On peut extraire de (Δ_α) une suite généralisée qui converge pour la topologie faible*

$$\sigma\Big(L^\infty(\widehat{G}, \mathcal{H}^\infty(U)), L^1(\widehat{G}, \mathcal{H}^\infty_*(U))\Big)$$

vers une fonction $H_{M,\Pi} \in L^{\infty}(\widehat{G}, \mathcal{H}^{\infty}(U))$. On notera aussi (Δ_{α}) cette suite généralisée. On a

$$\lim_{\alpha} \int_{\widehat{G}} < g(\chi)(.), \Delta_{\alpha}(\chi)(.) > d\chi$$

$$= \int_{\widehat{G}} < g(\chi)(.), H_{M,\Pi}(\chi)(.) > d\chi, \ \forall g \in L^1(\widehat{G}, \mathcal{H}^{\infty}_*(U)).$$

Posons $L_{\lambda} : \mathcal{H}^{\infty}(U) \ni F \longrightarrow F(\lambda)$, pour tout $\lambda \in U$. Notons que $L_{\lambda} \in \mathcal{H}^{\infty}_*(U)$, pour $\lambda \in U$. Fixons $g \in L^1(\widehat{G})$ et définissons $\mathcal{G} \in L^1(\widehat{G}, \mathcal{H}^{\infty}_*(U))$ par la formule

$$\mathcal{G}(\chi)(\lambda) = g(\chi) L_{\lambda},$$

pour tout $\lambda \in U$, pour presque tout $\chi \in \widehat{G}$. Nous avons pour presque tout $\chi \in \widehat{G}$,

$$< \mathcal{G}(\chi)(.), \Delta_{\alpha}(\chi)(.) >= g(\chi)\Delta_{\alpha}(\chi)(\lambda), \ \forall \lambda \in U$$

et

$$< \mathcal{G}(\chi)(.), H_{M,\Pi}(\chi)(.) >= g(\chi) H_{M,\Pi}(\chi)(\lambda), \ \forall \lambda \in U.$$

On en déduit que

$$\lim_{\alpha} \int_{\widehat{G}} g(\chi)\widetilde{\phi_{\alpha}}(\Pi(\lambda)\chi) d\chi = \int_{\widehat{G}} g(\chi) H_{M,\Pi}(\chi)(\lambda) d\chi.$$

En utilisant la définition de h_M donnée dans la preuve de i), on conclut que pour presque tout $\chi \in \widehat{G}$,

$$H_{M,\Pi}(\chi)(\lambda) = h_M\Big(\Pi(\lambda)\chi\Big), \ \forall \lambda \in U.$$

Nous obtenons que pour tout $\lambda \in U$ et pour presque tout $\chi \in \widehat{G}$,

$$\widetilde{Mf}\Big(\Pi(\lambda)\chi\Big) = H_M(\chi)(\lambda)\tilde{f}\Big(\Pi(\lambda)\chi\Big), \ \forall f \in C_c(G). \ \square$$

7. Annexe 1 : Les Bornés de $C_c(G)$

Nous allons donner une caratérisation simple des bornés de $C_c(G)$. Nous allons utiliser le lemme suivant, certainement bien connu.

LEMME 4.3. *Soit G un groupe LCA et soit $\mathcal{S} \subset G$. Alors les deux conditions suivantes sont équivalentes.*
i) $\mathcal{S}$ est relativement compact.
ii) Toute suite d'éléments de $\mathcal{S}$ possède un point d'accumulation.

Preuve. L'implication $(i) \Rightarrow (ii)$ est vérifiée dans tout espace topologique séparé. Supposons que $\mathcal{S} \subset G$ n'est pas relativement compact. Soit $V = V^{-1}$ un voisinage compact de l'unité dans G. Soit $x_1 \in \mathcal{S}$. On va construire par récurrence une suite $(x_n)_{n\in\mathbb{N}}$ d'éléments de $\mathcal{S}$ telle que $x_pV \cap x_qV = \emptyset$, pour $p \neq q$. Supposons qu'on a construit une suite finie $(x_1, ..., x_n)$ vérifiant cette propriété. Comme $\mathcal{S}$ n'est pas relativement compact $\cup_{n\leq m} x_nV^2$ ne contient pas $\mathcal{S}$. Soit $x_{m+1} \in \mathcal{S}$ tel que $x_{m+1} \notin \cup_{n\leq m} x_nV^2$. Comme $x_{m+1} \notin x_nV^2$, $x_{m+1}V \cap x_nV = \emptyset$, $\forall n \leq m$ et la suite finie $(x_n)_{n\leq m+1}$ possède la propriété cherchée. On peut donc construire par récurrence une suite $(x_n)_{n\in\mathbb{N}}$ telle que $x_pV \cap x_qV = \emptyset$, pour $p \neq q$. Soit $x \in G$ et supposons que $x_p \in xV$. Alors $x \in x_pV$, ce qui prouve que xV contient au plus un terme de la suite $(x_n)_{n\geq 0}$ et cette suite n'a évidement aucun point d'accumulation dans G. □

La proposition suivante montre que les conditions suivantes, évidemment suffisantes caractérisent les bornés et les suites convergentes vers 0 dans $C_c(G)$.

PROPOSITION 4.4. 1) *Un ensemble $B \subset C_c(G)$ est borné si et seulement s'il vérifie les deux conditions suivantes :*
i) $\cup_{f\in B} supp(f)$ est relativement compact.
ii) $\sup_{f\in B} \|f\|_\infty < +\infty$.
2) *Une suite $(\phi_n)_{n\in\mathbb{N}} \subset C_c(G)$ converge vers 0 pour la topologie de $C_c(G)$ si et seulement si il existe $K \in \mathcal{K}$ tel que $supp(\phi_n) \subset K$, pour tout $n \in \mathbb{N}$ et*

$$\lim_{n\to+\infty} \|\phi_n\|_\infty = 0.$$

Preuve. Soit B une partie bornée de $C_c(G)$. Comme l'inclusion

$$i : C_c(G) \longrightarrow C_b(G)$$

est continue, $C_b(G)$ désignant l'ensemble des fonctions bornées sur G, on a

$$\sup_{f\in B} \|f\|_\infty < +\infty.$$

Supposons que $\overset{\circ}{\cup}_{f\in B} supp(f)$ n'est pas relativement compact. Alors

$$\mathcal{S} = \cup_{f\in B} f^{-1}(\mathbb{C} \setminus \{0\})$$

n'est pas relativement compact dans G. Soit $(x_n)_{n\in\mathbb{N}}$ une suite de $\mathcal{S}$ qui n'a aucun point d'accumulation dans G. Pour tout $n \in \mathbb{N}$, il existe $f_n \in B$ tel que $f_n(x_n) \neq 0$. On pose

$$p(g) = \sum_{n\in\mathbb{N}} n \frac{|g(x_n)|}{|f_n(x_n)|},$$

pour tout $g \in C_c(G)$. Cette série est bien définie car, $(x_n)_{n\in\mathbb{N}}$ n'ayant aucun point d'accumulation, l'intersection de $(x_n)_{n\in\mathbb{N}}$ avec le compact $supp(g)$ est finie pout tout $g \in C_c(G)$. On voit que p est une semi-norme. Soit $K \in \mathcal{K}$ et soit

$$U_K = \{n \geq 1 \mid x_n \in K\}.$$

Alors

$$p(g) = \sum_{n\in\mathbb{N}} n\frac{|g(x_n)|}{|f_n(x_n)|} \leq \mathcal{C}_K \|g\|_\infty,$$

pour $g \in C_c(G)$, où $\mathcal{C}_K = \sum_{n\in U_K} \frac{n}{|f_n(x_n)|} < +\infty$ avec la convention $\mathcal{C}_K = 0$ si U_K est vide. Ceci prouve que la semi-norme p est continue pour la topologie de $C_c(G)$ et l'ensemble $\{p(f)\}_{f\in B}$ est borné, ce qui est absurde. Par conséquent, $\cup_{f\in B} supp(f)$ est relativement compact et B vérifie la propriété i). Si la suite $(\phi_n)_{n\in\mathbb{N}} \subset C_c(G)$ converge vers 0, l'ensemble $\{\phi_n\}_{n\in\mathbb{N}}$ est un borné de $C_c(G)$ et donc $K = \overline{\cup_{n\geq 0} supp(\phi_n)}$ est compact. D'autre part comme l'injection $C_c(G) \longrightarrow C_b(G)$ est continue, $\lim_{n\to+\infty} \|\phi_n\|_\infty = 0$.

8. Annexe 2 : Les domaines de Reinhardt de $\mathbb{C}^n$

Soit

$$\mathcal{Y} : \mathbb{C}^n \ni z \longrightarrow (|z_1|, ..., |z_n|) \in \mathbb{R}^{+n}.$$

DÉFINITION 4.5. *Un domaine $U \subset \mathbb{C}^n$ est appelé domaine de Reinhardt si*

$$\mathcal{Y}^{-1}(\mathcal{Y}(U)) = U.$$

Pour $a = (a_1, ..., a_n) \in \mathbb{R}^{+n}$, on note $D(a)$ le produit dans $\mathbb{C}^n$ des disques de $\mathbb{C}$ de centre 0 est de rayon a_i pour $i = 1, ..., n$.

DÉFINITION 4.6. *Un domaine de Reinhardt est appelé :*
1) *complet si $D(\mathcal{Y}(z)) \subset U$, pour tout $z \in U \cap \mathbb{C}^{*n}$,*
2) *log-convexe si $\{(log|z_1|, ..., log|z_n|),\ z \in U \cap \mathbb{C}^{*n}\}$ est un convexe de $\mathbb{R}^n$.*

DÉFINITION 4.7. *Soit X un sous-ensemble de $\mathbb{C}^n$. Soit $A \subset X$ et $\mathcal{G}$ une famille de fonctions continues sur X. On pose*

$$\widehat{A_\mathcal{G}} := \{x \in X \mid |f(x)| \leq \sup_{u\in A} |f(u)|,\ \forall f \in \mathcal{G}\}.$$

L'ensemble $\widehat{A_\mathcal{G}}$ est appelé l'enveloppe $\mathcal{G}$-convexe de A dans X.

DÉFINITION 4.8. *Un ensemble X est appelé $\mathcal{G}$-convexe si $\widehat{K_\mathcal{G}}$ est compact pour tout compact $K \subset X$.*

On dit qu'un ouvert X est monômialement, polynômialement ou holomorphiquement convexe si X est $\mathcal{G}$-convexe pour $\mathcal{G}$ respectivement égal à la famille des monômes $z_1^{n_1}...z_k^{n_k}$, $n_1 \geq 0,..., n_k \geq 0$, des polynômes $\mathbb{C}[z_1, ..., z_n]$ ou des fonctions holomorphes sur X.

DÉFINITION 4.9. *On dit qu'un ouvert $X \subset \mathbb{C}^n$ est un domaine d'holomorphie s'il existe $f \in \mathcal{H}(X)$ qui ne peut se prolonger en une fonction holomorphe au voisinage d'aucun point de la frontière de X.*

THÉORÈME 4.6. *Soit X un domaine de Reinhardt de $\mathbb{C}^n$ contenant $0_{\mathbb{C}^n}$. Alors les conditions suivantes sont équivalentes :*
1) *X est monômialement convexe.*
2) *X est polynômialement convexe.*
3) *X est holomorphiquement convexe.*
4) *X est un domaine complet et log-convexe.*
5) *X est le domaine de convergence d'une série entière.*

Le lecteur peut trouver une démonstration du Théorème 4.6 dans le Chapitre 1 de [**21**]. Soit maintenant $X \subset \mathbb{C}^{*n}$ un domaine de Reinhardt. On obtient un résultat analogue au Théorème 4.6. (certainement bien connu, mais que nous n'avons pas trouvé dans la littérature) en remplaçant les monômes par les applications $(z_1, ..., z_k) \longrightarrow z_1^{n_1}...z_k^{n_k}$, $n_1, ..., n_k \in \mathbb{Z}$, les polynômes par les polynômes de Laurent et la condition "complet et log-convexe" par la condition "log-convexe". La démonstration du Théorème 4.6 utilise des idées semblables à celles suggérées à l'auteur par son directeur de thèse pour établir l'équivalence des analogues des conditions 1), 2) et 4) pour les domaines de Reinhardt de $\mathbb{C}^{*n}$.

Bibliographie

[1] A. Beurling, P.Malliavin, *On Fourier transforms of measures with compact support*, Acta. Math. **107** (1962), p.201-309.

[2] N. Bourbaki, *General topology*, Springer-Verlag, Berlin (1998).

[3] B. Brainerd, R. E. Edwards, *Linear operators which commute with translations, Part I : Representation theorems*, J. Austral. Math. Soc.**6** (1966), p.289-327.

[4] I. M. Bund, *Birnbaum-Orlicz spaces of functions on groups*, Pacific J. Math. **58** (1975), p.351-359.

[5] R. M. Dudley, *On sequential convergence*, Trans. Amer. Math. Soc. **112** (1964), p.483-507.

[6] D.E. Edmunds and A. Nekvinda, *Averaging operators on* $l^{\{p_n\}}$ *and* $L^{p(x)}$, Math. Inequal. Appl., **5**, No. 2 (2002) p.235-246.

[7] R. E. Edwards, *Functional Analysis : Theory and Applications*, Holt, Rinehart and Winston, Inc., New York (1965).

[8] R. E. Edwards, *Operators commuting with translations*, Pacific J. Math. **16** (1966), p.259-265.

[9] R. E. Edwards and G. I. Gaudry, *Littlewood-Paley and Multiplier Theory*, Springer-Verlag, Berlin (1977).

[10] J. Esterle, *Toeplitz operators on weighted Hardy spaces*, St. Petersbourg Math. J. (2003), p.251-272.

[11] F. Fernanda, *Weighted shift operators and analytic function theory*, Topics in Operator Theory (C. Pearcy, ed.), Math. Surveys, No. 13, Amer. Math. Soc., Providence, RI, 1974, p.49-128.

[12] R. Gellar, *Operators commuting with a weighted shift*, Proc. Amer. Math. Soc. **26** (1969), p.538-545. . J., **14** (2003), p.251-272

[13] G. I. Gaudry, *Quasimeasures and operators commuting with convolution*, Pacific J. Math. **18** (1966), p.461-476.

[14] A. Figa-Talamanca and G. I. Gaudry, *Density and representation theorems for multipliers of type*(p,q), J. Austral. Math. Soc. **7** (1967), p.1-6.

[15] E. Hewitt and K. A. Ross, *Abstract Harmonic Analysis, Volume 1*, Springer Verlag, Berlin (1970).

[16] E. Hille and R. S. Phillips, *Functional analysis and semi-groups*, Amer. Math. Soc. (1957).

[17] G. A. Hively, *Wiener-Hopf operators induced by multipliers*, Acta. Sci. Math. (Szeged), **37** (1975), p.63-77.

[18] L. Hörmander, *Estimates for translation invariant operators in L^p spaces*, Acta Math. **104** (1960), p.93-140.

[19] L. Hörmander, *The Analysis of Linear Partial Differential Operators 1*, Springer-Verlag, Berlin (1983).

[20] B. E. Johnson, *Separate continuity and measurability*, Proc. Amer. Math. Soc. **20** (1969), p.420-422.

[21] L. Kaup and B. Kaup, *Holomorphic Functions of Several Variables*, Walter de Gruyter, Berlin (1983).

[22] R. Larsen, *The Multiplier Problem*, Springer-Verlag, Berlin (1969).

[23] J. Lindenstrauss, L. Tzafriri *On Orlicz sequence spaces*, Israel. J. Math. **10** (1971), p.379-390.

[24] J. Löfström, *A non-existence theorem for translation invariant operators on weighted L_p-spaces*, Math. Scand. **53** (1983), p.88-96.

[25] A. Nekvinda, *Equivalence of $l^{\{p_n\}}$ norms and shift operators*, Math. Inequal. Appl. **5**, No. 4 (2002), p.711-723.

[26] V. Petkova, *Multipliers and Toeplitz operators on Banach spaces of sequences* soumis.

[27] V. Petkova, *Multipliers on Banach spaces of functions on locally compact group*, soumis.

[28] V. Petkova, *Symbole d'un multiplicateur sur $L^2_\omega(\mathbb{R})$*, Bull. Sci. Math. **128** (2004), p.391-415.

[29] V. Petkova *Wiener-Hopf operators on $L^2_\omega(\mathbb{R}^+)$*, Arch. Math. **84** (2005), p.311-324.

[30] W. C. Ridge, *Approximate point spectrum of a weighted shift*, Trans. Amer. Math. Soc. **149** (1970), p.349-356.

[31] G. Roos, *Analyse et Géométrie, Méthodes hilbertiennes*, Dunod, Paris (2002).

[32] W. Rudin, *Analyse Réelle et complexe*, Masson, Paris (1987).

[33] A. Shields, *Weighted shift operators and analytic function theory*, Topics in Operator Theory (C. Pearcy, ed.), Math. Surveys, No. 13, Amer. Math. Soc., Providence, RI, 1974, p.49-128.

[34] R. Strichartz, *Multipliers on Fractional Sobolev Spaces*, Journal of Mathematics and Mechanics, **16** (1967), p.1031-1060.

[35] Ph. Tchamitchian, *Généralisation des algèbres de Beurling*, Ann. Inst. Fourier (Grenoble), **34** (1984), p.151-168.

[36] A. Weil, *L'intégration dans les groupes topologiques*, Hermann, Paris (1965).

[37] J. D. Weston, *A generalization of Ascoli's theorem*, Mathematika, **6** (1959), p.19-24.

MIX
Papier aus verantwortungsvollen Quellen
Paper from responsible sources
FSC® C105338

Printed by Books on Demand GmbH, Norderstedt / Germany